U0339720

第一推动丛书: 宇宙系列
The Cosmos Series

宇宙传记
The Universe: A Biography

[英] 约翰·格里宾 著　徐彬 吴林 译
John Gribbin

湖南科学技术出版社

总序

《第一推动丛书》编委会

　　科学，特别是自然科学，最重要的目标之一，就是追寻科学本身的原动力，或曰追寻其第一推动。同时，科学的这种追求精神本身，又成为社会发展和人类进步的一种最基本的推动。

　　科学总是寻求发现和了解客观世界的新现象，研究和掌握新规律，总是在不懈地追求真理。科学是认真的、严谨的、实事求是的，同时，科学又是创造的。科学的最基本态度之一就是疑问，科学的最基本精神之一就是批判。

　　的确，科学活动，特别是自然科学活动，比起其他的人类活动来，其最基本特征就是不断进步。哪怕在其他方面倒退的时候，科学却总是进步着，即使是缓慢而艰难的进步。这表明，自然科学活动中包含着人类的最进步因素。

　　正是在这个意义上，科学堪称为人类进步的"第一推动"。

　　科学教育，特别是自然科学的教育，是提高人们素质的重要因素，是现代教育的一个核心。科学教育不仅使人获得生活和工作所需的知识和技能，更重要的是使人获得科学思想、科学精神、科学态度以及科学方法的熏陶和培养，使人获得非生物本能的智慧，获得非与生俱来的灵魂。可以这样说，没有科学的"教育"，只是培养信仰，而不是教育。没有受过科学教育的人，只能称为受过训练，而非受过教育。

　　正是在这个意义上，科学堪称为使人进化为现代人的"第一推动"。

近百年来，无数仁人志士意识到，强国富民再造中国离不开科学技术，他们为摆脱愚昧与无知做了艰苦卓绝的奋斗。中国的科学先贤们代代相传，不遗余力地为中国的进步献身于科学启蒙运动，以图完成国人的强国梦。然而可以说，这个目标远未达到。今日的中国需要新的科学启蒙，需要现代科学教育。只有全社会的人具备较高的科学素质，以科学的精神和思想、科学的态度和方法作为探讨和解决各类问题的共同基础和出发点，社会才能更好地向前发展和进步。因此，中国的进步离不开科学，是毋庸置疑的。

正是在这个意义上，似乎可以说，科学已被公认是中国进步所必不可少的推动。

然而，这并不意味着，科学的精神也同样地被公认和接受。虽然，科学已渗透到社会的各个领域和层面，科学的价值和地位也更高了，但是，毋庸讳言，在一定的范围内或某些特定时候，人们只是承认"科学是有用的"，只停留在对科学所带来的结果的接受和承认，而不是对科学的原动力 —— 科学的精神的接受和承认。此种现象的存在也是不能忽视的。

科学的精神之一，是它自身就是自身的"第一推动"。也就是说，科学活动在原则上不隶属于服务于神学，不隶属于服务于儒学，科学活动在原则上也不隶属于服务于任何哲学。科学是超越宗教差别的，超越民族差别的，超越党派差别的，超越文化和地域差别的，科学是普适的、独立的，它自身就是自身的主宰。

　　湖南科学技术出版社精选了一批关于科学思想和科学精神的世界名著，请有关学者译成中文出版，其目的就是为了传播科学精神和科学思想，特别是自然科学的精神和思想，从而起到倡导科学精神，推动科技发展，对全民进行新的科学启蒙和科学教育的作用，为中国的进步做一点推动。丛书定名为"第一推动"，当然并非说其中每一册都是第一推动，但是可以肯定，蕴含在每一册中的科学的内容、观点、思想和精神，都会使你或多或少地更接近第一推动，或多或少地发现自身如何成为自身的主宰。

再版序
一个坠落苹果的两面：
极端智慧与极致想象

龚曙光
2017年9月8日凌晨于抱朴庐

连我们自己也很惊讶，《第一推动丛书》已经出了25年。

或许，因为全神贯注于每一本书的编辑和出版细节，反倒忽视了这套丛书的出版历程，忽视了自己头上的黑发渐染霜雪，忽视了团队编辑的老退新替，忽视好些早年的读者，已经成长为多个领域的栋梁。

对于一套丛书的出版而言，25年的确是一段不短的历程；对于科学研究的进程而言，四分之一个世纪更是一部跨越式的历史。古人"洞中方七日，世上已千秋"的时间感，用来形容人类科学探求的速律，倒也恰当和准确。回头看看我们逐年出版的这些科普著作，许多当年的假设已经被证实，也有一些结论被证伪；许多当年的理论已经被孵化，也有一些发明被淘汰……

无论这些著作阐释的学科和学说，属于以上所说的哪种状况，都本质地呈现了科学探索的旨趣与真相：科学永远是一个求真的过程，所谓的真理，都只是这一过程中的阶段性成果。论证被想象讪笑，结论被假设挑衅，人类以其最优越的物种秉赋 —— 智慧，让锐利无比的理性之刃，和绚烂无比的想象之花相克相生，相否相成。在形形色色的生活中，似乎没有哪一个领域如同科学探索一样，既是一次次伟大的理性历险，又是一次次极致的感性审美。科学家们穷其毕生所奉献的，不仅仅是我们无法发现的科学结论，还是我们无法展开的绚丽想象。在我们难以感知的极小与极大世界中，没有他们记历这些伟大历险和极致审美的科普著作，我们不但永远无法洞悉我们赖以生存世界的各种奥秘，无法领略我们难以抵达世界的各种美丽，更无法认知人类在找到真理和遭遇美景时的心路历程。在这个意义上，科普是人类极端智慧和极致审美的结晶，是物种独有的精神文本，是人类任何其他创造——神学、哲学、文学和艺术无法替代的文明载体。

在神学家给出"我是谁"的结论后，整个人类，不仅仅是科学家，包括庸常生活中的我们，都企图突破宗教教义的铁窗，自由探求世界的本质。于是，时间、物质和本源，成为了人类共同的终极探寻之地，成为了人类突破慵懒、挣脱琐碎、拒绝因袭的历险之旅。这一旅程中，引领着我们艰难而快乐前行的，是那一代又一代最伟大的科学家。他们是极端的智者和极致的幻想家，是真理的先知和审美的天使。

我曾有幸采访《时间简史》的作者史蒂芬·霍金，他痛苦地斜躺在轮椅上，用特制的语音器和我交谈。聆听着由他按击出的极其单调的金属般的音符，我确信，那个只留下萎缩的躯干和游丝一般生命气息的智者就是先知，就是上帝遣派给人类的孤独使者。倘若不是亲眼所见，你根本无法相信，那些深奥到极致而又浅白到极致，简练到极致而又美丽到极致的天书，竟是他蜷缩在轮椅上，用唯一能够动弹的手指，一个语音一个语音按击出来的。如果不是为了引导人类，你想象不出他人生此行还能有其他的目的。

无怪《时间简史》如此畅销！自出版始，每年都在中文图书的畅销榜上。其实何止《时间简史》，霍金的其他著作，《第一推动丛书》所遴选的其他作者著作，25年来都在热销。据此我们相信，这些著作不仅属于某一代人，甚至不仅属于20世纪。只要人类仍在为时间、物质乃至本源的命题所困扰，只要人类仍在为求真与审美的本能所驱动，丛书中的著作，便是永不过时的启蒙读本，永不熄灭的引领之光。

虽然著作中的某些假说会被否定，某些理论会被超越，但科学家们探求真理的精神，思考宇宙的智慧，感悟时空的审美，必将与日月同辉，成为人类进化中永不腐朽的历史界碑。

因而在25年这一时间节点上，我们合集再版这套丛书，便不只是为了纪念出版行为本身，更多的则是为了彰显这些著作的不朽，为了向新的时代和新的读者告白：21世纪不仅需要科学的功利，而且需要科学的审美。

当然，我们深知，并非所有的发现都为人类带来福祉，并非所有的创造都为世界带来安宁。在科学仍在为政治集团和经济集团所利用，甚至垄断的时代，初衷与结果悖反、无辜与有罪并存的科学公案屡见不鲜。对于科学可能带来的负能量，只能由了解科技的公民用群体的意愿抑制和抵消：选择推进人类进化的科学方向，选择造福人类生存的科学发现，是每个现代公民对自己，也是对物种应当肩负的一份责任、应该表达的一种诉求！在这一理解上，我们将科普阅读不仅视为一种个人爱好，而且视为一种公共使命！

牛顿站在苹果树下，在苹果坠落的那一刹那，他的顿悟一定不只包含了对于地心引力的推断，而且包含了对于苹果与地球、地球与行星、行星与未知宇宙奇妙关系的想象。我相信，那不仅仅是一次枯燥之极的理性推演，而且是一次瑰丽之极的感性审美……

如果说，求真与审美，是这套丛书难以评估的价值，那么，极端的智慧与极致的想象，则是这套丛书无法穷尽的魅力！

献给本和埃利

　　科学家之所以迥异于常人，并非因其所信仰之物，而是在于他如何信仰，以及为什么信仰。他的信仰乃是临时的，并非一成不变之教条；它基于证据，而非权力或直觉。

伯特兰·罗素（1872—1970）

致谢

　　我最近所著之书中的大部分，写作时所做的研究，都需要翻检故纸堆，阅读已经过世的人物的生平和工作的二手报道（有这些已经不错了）。然而本书却比较特别，当然这也带来了令我颇感愉悦的变化，那就是写作本书的时候，我得以与尚健在的人交谈，询问他们的工作情况。但是，由于我写作本书的目的是描述当今物理学界正在发生的事情，因此正文中很少提及个人或研究个案的名字。如果说我从以前所写的更像是历史的书中有所心得的话，那就是科学是一种群体活动，其整体大于各部分之和。文中的"我们"，指的是过去和现在的科学家的全体，是那些对人类就宇宙的物理层面的理解做出了贡献的人。但是若非与许多研究人员进行交谈与通信，那么本书以及多年来所写的其他书，都将无从谈起。因此，这里我要感谢Kevork Abazajian，John Bahcall，John Barrow，Frank Close，Ed Copeland，Pier-Stefano Corasiniti，John Faulkner，Ignacio Ferreras，Simon Goodwin，Ann Green，Alan Guth，Martin Hendry，Mark Hindmarsh，Gilbert Holder，Isobel Hook，Jim Hough，Steve King，Chris Ladroue，Ofer Lahav，Andrew Liddle，Andrei Linde，Jim Lovelock，Gabriella De Lucia，Mike MacIntyre，Ilia Musco，Jayant Narlikar，Martin Rees，Leszek Rozkowski，B. Sathyaprakash，Richard Savage，Peter Schröder，

Uros Seljak，Lee Smolin，Adam Stanford，Paul Steinhardt，Christine Sutton，Peter Thomas，Kip Thorne，Ed Tryon，Neil Turok， 和 Ian Waddington，感谢他们毫无保留地与我分享他们的想法。再往前回顾，我还要感谢 Bill McCrea，Fred Hoyle，Willy Fowler，Roger Tayler 以及 John Maynard-Smith 等，他们虽已故去，但都曾对我产生过重要的影响。

此外我还要感谢 Christine 和 David Glasson，他们让我能够从工作中偶尔停下来，稍事休息；感谢 Alfred C. Munge 基金会慷慨解囊，为我提供旅费和其他研究费；感谢 David Pearson，他具有出众的视觉洞察力；此外还要感谢苏塞克斯大学为我提供了研究工作的基地。

一如既往，我的写作所获得的最大的幕后支持来自永远陪伴我而很少走到前台的合作者玛丽·格里宾。

前言
为何要为宇宙作传？

约翰·格里宾
2006 年 5 月

　　30多年前，当我开始写科普读物的时候，在我看来，我面对的是明确的事实，就像牛顿定律、大陆在地球表面飘移、恒星通过内核深处的核聚变过程释放能量等如此种种的科学现象一样。后来，当我越来越多地转向科学史与传记，发现科学探索都必然在一定程度上具有主观性，而且可以从多种角度进行阐释，这引起了我的兴趣。我们不可能写出唯一正确的科学史（或其他任何"史"），因为我们并不拥有所有的事实；我们必须通过猜测填补空缺，即使这种填充是在进行了深入研究，并且充分利用我们拥有的所有事实的基础上做出的。同样，也不可能写出关于某个人的唯一正确的传记（即使那人现在还活着），因为人的记忆总会出现差错和遗漏。再后来，我认识到，在尝试撰写宇宙的历史或传记的时候，也会受到同样的限制。虽然我们知道自大爆炸发生以来关于宇宙的许多演进历程，而且在某些情况下还相当精确，但是这些知识中总是存在空缺，此时就必须通过猜测来弄明白期间发生了什么。所以，对于宇宙，永远不会有单一而明确的历史或传记，而只会有不同的，或多或少带有主观性的关于其历史的阐释。

　　这使我想到，我可以使用传记的手法，写下宇宙的起源、演变和它未来可能的命运。我可以提出有关这一主题的基本问题，尽自己所能回答它们，并在空缺的地方基于我的学识进行猜测。宇宙是如何开始的？构成我们的物质粒子从何而来？星系从何而来？恒星和行星是如何形成的？生命是如何开始的？对这些问题，我们只有临时的答案（有些比其他更"临时"）——但是在接下来的10年内，这些答案都有可能随着科技的进步得到显著的改善。我们所拥有的临时答案，已经比没有答案要好得多了；此外，这些答案是如何获得的，本身就是值得讨论的话题，而且它们有可能在未来的10年里成为报纸的头条消息。

当我在写自16世纪以来的科学史的时候[1]，我用的是与本书不同的传记方法，关注的是科学家个人的生活和成就。本书写作之初，我也曾打算使用那种方法，希望通过关注个人的贡献，使大家了解现在的科学研究的方式。但是现在的科学家进行科研的方法已经完全不同了。我拜访的科学家越多，就越是意识到，仅仅在我个人的一生中，科学研究就已经发生了极大的变化。如今，物理学中，单个的科学家一般都关注相对较小的问题，而且是在相当大的工作团队中做研究，因此往往很难确定个人具体的贡献，也很难说少了哪个人或换上别人某个科研项目就不会成功。整体已经大于各部分之和，这就是如今物理学界的现状，它告诉了我们周围的宇宙为何是如此的形态。这个故事最吸引人的地方，就是生命起源之谜现在完全属于物理学的范畴（而且它已经不像以前那么神秘了）。

只有在抛开个人的贡献，学会总览全局之后，这一成就的真正规模和意义才变得那么明显。这将是一个有趣的科学传记，但它是关于

1.《科学的历史》（Allen Lane，London，2002）。

宇宙本身的传记，而不是关于探索宇宙目前余下的奥秘的人的传记。由于宇宙的生命还远远没有结束，我选择的时间段是自宇宙初始之时，即众所周知的大约140亿年前发生大爆炸之时，到地球上生命开始出现，即距离大爆炸100亿年后。此外，我也忍不住要一窥未来，看看地球以及整个宇宙有何种命运，这一话题想必是我们星球上的居民都关心的。

这个故事的轮廓，其中的一部分此前也已经勾画过[1]，但是21世纪科学的特点在于，它已经为当初的轮廓填充上了精确的内容（有些还随时在发生显著的变化），确定宇宙的状态的关键数字，已经精确到了百分之几，甚至是1%。同时，宇宙理论的全景中，有一部分显示出已经达到了惊人的精度，例如，在实验室测量到的中子的属性（原子核的一个组成部分）与大爆炸中发生的事件，以及现在在恒星中发现的氦的数量都密切相关。反过来，恒星中氦的量，影响到了我们大家身体中的化学元素的生产，并且与生命的起源产生了联系。这是我将本书称作"传记"而非"历史"的另一个原因。它涉及生命的起源，并回答了我们自身起源的根本问题——虽然在最初的章节里这并非那么明显。

这本书是宇宙的**一种**传记，而非唯一正确的宇宙传记。尽管它在一定程度上包含假想的成分，但我希望大家不要将其看作完全是我个人的幻想而弃之不顾。书中的事实远超过假想的比例。像所有优秀的传记作者一样，在描述关于宇宙的这一新的认识，并探讨我们在其中

1.《起源》（Dent, London, 1980），我本人和另外几位作者编写。

所处的位置之前，我需要先叙述一下物理学家对宇宙的运行方式确切了解些什么，并强调一下我们认为自己"了解"的，以及我们"以为"自己了解的之间所存在的区别。

目录

第1章
如何认识我们自以为已经知晓的事物？

　　如果科学家们声称他们知晓原子内部的情况，或者说他们知晓宇宙产生的最初3分钟内所发生的事情之时，他们的本意是什么呢？他们的意思是，有一个所谓的原子的，或是早期宇宙的，又或者任何使他们感兴趣的东西的"模型"，而且这个模型同他们的实验结果或他们对世界的观察相吻合。这种科学模型和我们通常所说的航模之属不同。飞机模型表现的是真正的飞机，是对实物的物理呈现，但科学模型是一种抽象的想象图景，可以通过一套数学方程式来描述。例如，我们呼吸的空气由原子和分子构成，它们可以用某种模型来描述。在这个模型中，我们把每个粒子都想象成一个具有绝佳弹性的小球（好比撞球），所有小球都既相互碰撞，也会与容器壁撞击，从而不断反弹跳动。

　　这是一种想象的图景，但仅仅是模型的一半。这些小球运动和相互撞击的方式是通过一套物理定律来描述的，这些物理定律又以数学方程式的形式记录下来，这使其成为一个真正的"**科学**"模型。在这个问题上，最基本的定律是艾萨克·牛顿（Isaac Newton）在300多年前发现的运动定律。使用这些数学定律，我们就可以计算出当一种气体的体积被压缩到一半时其压强是多少。如果你做个实验，得到的结果与该模型的预测相符合（在这个问题中，压强应当加倍），那么这个模型就是正确的。

　　当然，这种标准的气体模型将气体描述为相互撞击的小球，与牛顿定律相一致，并能做出正确的预测，对此我们不应感到惊讶。因为，科学家是先做了实验，之后才设计，或者说构造了该模型，以便与实验结果相匹配。接下来的科学步骤就是使用这样一种通过测量得出的模型来预测（进行精确的数学预测）在其他不同的实验中，同样的系统将会出现什么情况。如果该模型在新的环境下做出了"正确的"预测，那么就可以表明这是一个正确的模型；可是，即使预测不准，我们也大可不必将其完全否定，因为它仍然能向我们揭示早先实验中一些有用的东西；当然，无论如何，它的应用是受限的。

　　其实，所有科学模型的应用范围都是有限制的。没有任何一个模型称得上是"终极真理"。把原子视为具有绝佳弹性小球的模型，对于计算在不同环境下气体压强的变化十分有效。但是如果你想描述原子放射和吸收光线的方式，你则需要另一个模型。这个模型中的原子至少有两个组成部分，一个是位于中央的微小的原子核（出于某种原因，该原子核本身也可以被视为一个具有绝佳弹性的小球），另一部分则是环绕在原子核周围的电子云。科学模型是对现实的表现，但并不是现实本身。无论这些模型多么好用，无论它们在合适的条件下的预测结果多么准确，我们始终还是应当把它们视为现实的近似和想象的辅助手段，而不是终极真理。如果科学家告诉你原子核是由一些称作质子和中子的粒子组成的，实际上他们是说：在某些情况下，从原子核的表现来看，它"**似乎**"是由质子和中子构成的。优秀的科学家时刻会想到"似乎"二字的存在，而把模型的的确确只看作模型；但平庸的科学家则经常忘记这一关键的差别。

　　平庸的科学家和众多伪科学家还存在另一个误解。此辈常常以为，现今科学家的作用就是做实验，以证明他们模型的精确度越来越高，即其数值在小数点后的数位多多益善。事实绝非如此！之所以要针对模型所做的未曾验证的预测进行试验，是因为要找到这些模型的疏漏之处。一流物理学家总是希望查找到他们模型中的缺陷，因为这样的缺陷—— 即模型无法准确预测或是无法详加解释说明的情况，可以为我们指明究竟在哪些方面我们需要获得新的认识，同时提供更好的模型，以便取得进展。这方面，一个典型的例子是引力论。从17世纪80年代直到20世纪初，在长达两个多世纪的时间里，艾萨克 · 牛顿的万有引力定律一直被认为是最深刻的物理学发现。但是，也曾存在过几个似乎很小而牛顿模型又无法解释（或预测）的问题，这包括水星的轨道，以及光线经过太阳发生弯曲的现象。阿尔伯特 · 爱因斯坦基于广义相对论提出的引力模型，[1] 则不仅能解释牛顿的模型所能解释的一切，**还能**解释上面所说的诸如行星轨道和光线弯曲等微妙的细节问题。在此意义上，爱因斯坦的模型比旧的模型要好，它能做出旧的模型所无法做出的正确预测（尤其是关于宇宙整体的预测）。但是，当我们需要计算探月飞船的轨道时，仅仅用牛顿的模型就足够了。使用广义相对论我们**也能**进行同样的计算，但那样算起来更麻烦，得到的结果却是一样的，所以，谁愿意费那个事呢？

---

1. 对于我这里称作模型的东西，人们一般用"理论"一词来描述。一般而言，我更喜欢用"模型"一词，因为对于非科学人士，这个词比起"理论"，其误导性要小一些；但在某些情况下，比如说"爱因斯坦的理论"，"理论"一词已经成为整个术语的一部分，难以割弃。不过，我所说的关于科学模型的话，同样适用于科学理论。

本书的大部分内容都是关于我们认为我们已知的东西——即到目前为止验证都成立的模型，但同时这些内容又涉及最前沿的科学，这里还有好多实验要做。可以肯定的是，根据进一步的实验，以及对宇宙的观测，这些模型中会有一些需要修正。而且很可能，其中的一些必须全盘抛弃，代之以全新的观察事物的方式。从这一方面看，科学研究和历史学家以及传记作家对待罗伯特·胡克（Robert Hooke）的方式倒没有大的不同。近来，对于这位17世纪科学革新的关键人物，历史学家以及传记作家需要改变他们的看法（我们姑且可以看作是修改他们的模型）。之所以这么做，是因为他们找到了一份失踪好几个世纪的关键档案，该档案详细描述了胡克科学生涯中发生的一些大事。发现了新证据，往往要求修正旧观念。

但是，要想描述21世纪科学会朝哪个方向走，我们需要从我们自以为"已知"的事物出发——这些已知的事物就是"模型"，尤其是20世纪所建立的模型。这些模型与实验和观察的结果非常吻合，科学家对于它们非常有信心，就像相信气体小球模型（在其所已知的限制内），或是牛顿引力模型。这些模型像牛顿模型一样，能近乎完美地描述已知可应用的特定范围内这个物理的宇宙。同样重要的是，我们如同了解牛顿模型一样了解这些模型应用的限度何在。

物理学家喜欢将这些成功地描述世界（或世界的某些具体特征）的学说称作"标准"模型。气体小球模型（也称作气体动力学说，因为它的内容是关于运动的粒子）就是一种标准模型。但是，如果物理学家谈起那个特定的标准模型，他们指的是20世纪伟大的科学成就之一。该模型描述了亚原子粒子运动特征和它们之间的力。而且重要的是，这一模型的构建始于20世纪20年代，当时丹·尼尔斯·玻尔（Dane Niels Bohr）提出了一种新的原子模型。在拙作《寻找薛定谔的猫》一书中，我详细描述了量子物理学的历史发展，此处就不赘述了。不过，粒子物理学标准模型完全基于量子物理学，因此这里还是有必要简要回顾一下。乍一看，一些读者可能觉得这里的内容有些熟悉。但是，希望大家能耐心读下去，因为我希望我这里所讲的事情和大家认为自己所熟悉的版本会有所不同。

物理学这一新的科学领域最早的发现是由德国科学家马克斯·普朗克（Max Planck）在20世纪初做出的。普朗克发现，要想解释炽热物体为何会发光，只能将光看作是通过一个个的团块发出的，这种小能量团块称作"量子"。当时，科学家一般将光看成一种波或电磁振动，因为许多实验观测的结果和光的水波模型所做的预测较为吻合。起初，普朗克本人和其同时代的人都未曾想到过光会以一个个能量团块的形式存在，只是想到物质属性——即原子——只能以确定的量被放射或吸收。你可以拿滴水的水龙头作一个类比。水以水滴形式从水龙头滴落的现象，并不表明水槽中的水也只能以独立的水滴形式存在。1905年，阿尔伯特·爱因斯坦是现代科学史上第一个[1]认真考虑光是否能以微小的光粒子（即光子）形式存在的人，而且在接下来的十来年里，他一直属于少数派。不过，一些实验结果表明，光的特性确实能和粒子模型的预测吻合起来。因此，光的粒子模型应该也是有效模型！从未有过任何实验能证明光同时具有波粒二重性。但是，根据实验性质不同，光的特性却能和这两种模型中任何一种预测保持一致。

1.艾萨克·牛顿曾提出过不错的光的粒子模型，但是该模型后来被波动模型超越。

厘清这一点很有必要，因为这充分说明了科学模型的局限性。我们不能说（或认为）光是**波**，或是**粒子**。我们只能说，在适当的条件下，光表现得**似乎是**波，或**似乎是**粒子 —— 正如在某些情况下，原子表现得**似乎是**坚实的小球，而在另外一些情况下它**似乎是**周围包裹着电子云的原子核。这并不自相矛盾。此处的局限在于我们所建立的模型以及人类想象力的限制，因为我们试图描述的事物，和我们的感官所体验到的完全不同。当我们在想象光何以具有波粒二重性时所感到的困惑，也颇有几分像美国物理学家理查德·费曼的话所表述的那样，是"试图用熟悉方式看待光的难以抑制却又徒劳无益的意愿的反映"。[1]光实际上是一种可以用数学方程式有效表述的量子现象，只不过用我们头脑中的通常观念无法窥探其庐山真面目罢了。整个量子世界便是如此。尼尔斯·玻尔（Niels Bohr）对物理学的首个重大贡献就是将量子物理数学整合成原子模型，而不在意这一模型能否为通常观念所理解。

20世纪之初，科学家们已然知晓地球万物皆由原子构成，每种原子构成各自的化学元素 —— 氧原子、金原子、氢原子，如此等等。他们还知晓原子也并非如先前所认为的那样是不可分割的，在适当的环境下，其中称为电子的部分是可以被分离出来的。那时，人们倾向于将电子模型表述为微小粒子，而且实验也显示，电子的确表现得像微小粒子。玻尔解开的谜题是，光是以何种方式被个别不同种类的原子所放射（吸收）的。相比于普朗克对不同原子所构成的发光体发出的光所进行的研究，他的研究更加精细了。可见光的光谱涵盖了彩虹

---

1. 见《物理法则之特性》。

的所有颜色（彩虹实际上**就是**一种光谱）。然而，如果将一种纯净的化学元素在火焰中加热，它便会辐射出非常准确的波长（或称之为色彩），在光谱中产生一条光带。以钠为例，其辐射的色彩就是彩虹中处于橘黄色的部分。而且，每种化学元素（即每种原子）各自产生出与众不同的光带，像指纹和条码一样独一无二。彩虹的多姿多彩正是阳光是由不同种类原子所放射出的不同波长色光组成的缘故。通常，各种色光混杂在一起会呈现出白色光，但是，正如牛顿用棱镜片所做的研究那样，当阳光经过雨滴的折射，这些颜色便被分离出来。

　　因为光是能量的一种形式，所以由原子放出的光中的能量必须来源于原子（能量不可能凭空生成，这是物理学最基本的定律，尽管我们以后将会看到，即便是这条定律也存在其局限性）。玻尔意识到，能量来源于原子外部电子的重排。[1] 电子携带负电荷，而原子核携带正电荷，因而电子受到原子核的吸引，正如地球上的物体被引力吸引一样。假如你搬动一件重物上楼，你就必须做功（加入能量）才能移动这一重物远离地心。假如你将其从楼上窗户抛下，能量就被释放了，先是转化为下落物体的动能，然后落地时化为热能，使撞击点的地表轻微升温，因为原子和分子会因撞击而轻微地震荡四散。玻尔提出，如果原子外部的电子朝向原子核运动，靠近原子核，就会释放出能量（比如光）。如果较接近原子核的电子吸收了能量（或许是从光中，或者因为原子受热），它会向原子核外围跃动。但是，能量为何总要以某种确定的波长，以确定的量释放或者吸收呢？

---

1. 因此，确切地说，光是一种原子能。出于历史的偶然在作怪，人们通常所说的"原子能"实际上应称为"核能"。

玻尔创立的模型中，将电子想象成环绕原子核运动，正如行星围绕太阳运动一般。然而，原则上讲，行星可以在任何距离上绕日运转，但是电子不同。玻尔认为，电子有其特定运行方式——这就好比是说某颗行星可以处于轨道地球或者火星轨道，但不能位于两者轨道之间。之后，他提出，电子可以从一个轨道跃迁至另一轨道（正如火星跃迁至地球轨道上），并且在这一过程中释放出确定数量的能量（对应确定的光波波长）。然而，它不能跃迁至轨道之间的轨道，并且释放出两者之间的能量，因为不存在这种轨道之间的轨道。当然，这一理论有以光谱研究为基础的合理数学模型的支持，而且进一步的实验与观测（结果）也证明了这一物理理论。尽管玻尔"量子化"轨道理论以日常的经验无法理解，但重要的是，他创立了一个能够准确预测原子谱线在光谱中位置的模型。同样令人迷惑不解的是，根据这一模型，似乎电子可以不必经过轨道之间的空间而变换轨道，它可以瞬间在某一轨道消失，同时瞬间在另一轨道出现。科学家们也是过了很久才得其要领，但玻尔却明言，不循常理的模型未必不是好模型；模型所要做的就是做出符合实验结果的预测（以可靠的数学计算和物理观测为基础）。

现在看来，玻尔的原子模型被视为离奇而老套。自玻尔时代以来，物理学家对电子的观点已与时俱进了许多。尤其是自20世纪20年代，在某些实验环境中电子表现得似乎像波一样。正如光一般（而且也正如量子世界的其他实体一样），电子也具有波粒二象性。我们不能统而言之，它是波，抑或是粒子，仅仅因其行为忽而（以可预测的方式，而非随意为之）像波，忽而又像粒子。于是有人便想象，原子中的电子位于环绕原子的混沌而分散的电子云中，电子云能量可以发生更微妙的改变，而不再是仅仅由电子这种微小粒子轨道的变换而发生变化。这是一种更为复杂的模型，但能很好地解释原子是如何合成分子的，因而成为全面理解现代化学之基础。但是，正如计算月球太空探测器的轨道仅靠牛顿模型足矣，因而如果要解释我们日常所见的"热"的物体，比如钠（或者甚至是太阳）的光谱线，玻尔模型仍然说得通。旧有模型不会消亡，它们只是适用范围受到了限制。

由于标准模型认为电子是构成物质的基本元素之一 —— 小得无法再小了，因而我们目前对电子的所知所解也就只有这么多了。不过，对于原子核来说却并非如此。标准模型不但"解释"了 —— 即给我们提供了一个能有效描述的模型 —— 原子核究竟为何物，也让我们得以窥探我们通常所认为的粒子等基本实体间的相互作用力。

每当我们谈到电子等基本实体之时，至少在某些时候，是难以回避使用"粒子"这一术语的，但也不要总是斤斤计较，试图限定这一术语的正确含义。因而，有一点很重要，那就是使用这一术语，并不意味着这些实体仅仅应被视为坚实的小球或者能量与物质在某一点的汇聚。在某些实验中，粒子的确表现得如此这般，但在其他实验中却不尽然。"波粒二象性"这一术语本欲用来转达量子物体的波粒双重属性之含义，但我并不认为这一术语真的做到了词达义切。另一方面，物理学家们确实有关于"作用力"这一术语的极其正确的替代词汇，因为在日常词汇中，量子"作用力"与量子"粒子"一样是很生涩的词汇。

我们都熟知自然界的两种作用力 —— 引力和电磁力。我们感觉得到地球在留住我们，而且我们也体验过磁铁吸起金属物体，或者用塑料梳子与头发摩擦产生的静电吸起纸屑。可是，正如那些例子所显示的，力总是作用于两个（或者更多）物体之间 —— 地球拉住我们，磁铁吸住铁钉。物体间存在相互作用力，这便为物理学家们提供了绝好的术语 ——"**相互作用力**"—— 来描述这一物理现象。从现有的例子来看，在日常生活中我们似乎能感觉到存在着3种不同的相互作用力，因为从表面上看，磁力和电力具有不同的属性。但是，苏格兰人麦克斯韦［全名詹姆斯·克拉克·麦克斯韦（James Clerk Maxwell）］于19世纪秉承了伦敦人迈克尔·法拉第（Michael Faraday）之研究，建立了能以一个模型贯穿电和磁的方程式。电和磁实际上是相同相互作用力的不同方面，正如一枚硬币的两面。

　　不过，在引力作用与电磁作用之间，确乎存在着好几种实质性的、重要的区别。与电磁力相比，引力极其微弱。例如，使铁钉落向地面需要整个地球的引力，而一个儿童玩具磁铁便可轻易克服这引力而吸起铁钉。因为电子与原子核都带有电荷，而且作用于单个原子的引力又微弱得可以忽略，因而原子间主要的相互作用便是电磁作用。因此，是电磁力使阁下得以浑然一体，且使阁下筋脉舒张。你从桌上拿起一个苹果，那是你肌肉中的电磁作用力克服了苹果与整个地球之间的引力作用。承蒙电磁作用，阁下的的确确是具有超越行星引力的力量。

　　然而，引力尽管微弱，其作用距离却很远。太阳与行星间的相互作用力使得行星沿轨道运动，同样，太阳本身也是一个由上千亿颗恒星组成的碟形星系的一部分，这一系统直径差不多有十几万光年，依靠引力维持而围绕中心旋转。原则上，电磁作用力的作用距离也较远。

但是，电磁力与引力的另一个区别就是它们的作用方式各异，并会彼此抵消。在原子中，原子核的正电荷被电子的负电荷抵消，因此，从比原子的规格更大一些的范围看，原子似乎是电中性的，没有额外电荷。同样，北磁极总是与南磁极相对，而且尽管像太阳与地球等天体磁场确实在空间中有一定程度的延伸，但在整个宇宙范围并不存在将天体拉近或推离的多余磁力。

这便是电磁力相区别于引力的另一方面。引力总在吸引。我们早在孩提时代试图将两块同极性的磁体对在一起时，便已经发现了同极相斥、异极相吸的这一奥妙。因而，即便在物理学家们试图探索量子领域之前，他们就知道相互作用（力）的作用距离大小不一，它们与各种不同的电荷相联系，或相互吸引，或相互排斥。更为蹊跷的是，我们发现，相互作用对不同物质的影响方式并不相同。引力似乎无所不在，并作用于一切。但是，电和磁作用力仅仅作用于某几种物体。这些特性在物理学家深入原子核内部进行研究时也发挥了各自的作用。

他们研究原子核内部的方法是用粒子或者亚原子粒子束轰击原子核，并且测量它们碰撞后弹开的方式。轰击粒子的能量越强，被轰击粒子的情况就能被揭示得越深入。起初，在 20 世纪早期，是利用天然辐射产生的粒子来进行这样的实验。随着科技的进步，这一技术得到了改进，人们可以用粒子加速器的磁场将电子等粒子加速到极高的能量。这引致大型加速器的发展，例如，位于日内瓦的欧洲粒子物理研究所（CERN，或称欧洲核子中心）等进行的物质本质以及作用力（自然力）的尖端研究如今正方兴未艾，本书将在以后章节叙述。

　　继剑桥大学于20世纪20年代在实验中发现了原子核之后，在20世纪20年代更进一步揭示出原子核像一个由质子和中子构成的小球，这两种粒子像被紧密压缩在一起的成串葡萄。最简单的氢原子的原子核实际上只有单一的质子，但是其他的原子核却含有中子和质子——如最普通的铀原子便有92个质子和146个中子。每一个质子都具有一定数量的正电荷，每一个电子也都带有相同数量的负电荷，因此在电中性的原子中质子数与电子数是相同的。每一个中子，正如其名，都是电中性的。显而易见的问题是，所有正电荷的质子之间相互排斥作用为何不会将原子炸得四分五裂？后来由实验所证明的显而易见的答案是，必定有某种不为人知的吸引作用（力）克服了原子中粒子之间的排斥力，将原子核保持为一体。因为这一相互作用较电磁相互作用强，因此它被认为是强相互作用（或强核力）。而且，既然其作用力在原子核之外无从探知，那么其作用距离显然很短，仅在原子核这么大范围之内。这便是为何不存在比铀更大的原子之缘故。我们可以这样设想，假如你想要将多于240个质子和中子塞到一起，小球对面的质子仍然会因电磁作用而相互排斥，但是它们却因距离太远而感受不到强作用力的吸引。

　　要想探究质子和中子（统称核子）内部，就必须有非常之高的能量，人们从20世纪30年代直至20世纪60年代，积几十年之功，才获得了探明这些粒子内部的可靠模型。其呈现出的图景吻合这样一个模型：核子由3个真正的基本实体组成（与电子一样的基本实体），称为夸克。质子与中子的实验研究支持这一模型的预测，这一模型中存在两种夸克，称为"上夸克"和"下夸克"。质子被认为是由2个上夸克和1个下夸克构成，而中子则由2个下夸克和1个上夸克构成。每个下夸克分配到1个电子1/3的电荷，每个上夸克分配到1个质子2/3的电荷，这些数加在一起，就是我们观察到的质子以及中子的电荷。

但是，为何我们从来没有探测到独立的夸克，以及带有"部分"（即非整数的）电荷的粒子呢？夸克模型说明了这一现象（实验也支持这个说法），即成对的或者3个一组的夸克被相互作用力"禁锢"在如质子和中子这样的复合粒子之内，该作用力随着夸克间距离的增加而增强。引力和电磁力都随距离增加而减弱，但是有一种力，随着距离加大反而会增强，对这种力我们都很熟悉。比如，我们在拉长有弹性的皮筋时，拉得越长，它的反作用力就越大，直到断裂。夸克似乎是依靠弹性松散地与紧邻的夸克相互维系而绕原子核飞速运动，但是只要它想脱离其他夸克，便会立即被拉回来。皮筋这个比方甚至一直到崩断都适用于解释夸克的特性。如果施加足够的能量去移开其中的某一个夸克——例如，该个夸克在加速器实验中被一个快速移动的粒子从外部击中——那么，它与周围夸克之间的相互作用力将的确会遭到破坏。然而，根据爱因斯坦著名的方程式$E=mc^2$，这种情形只有在具有足够的额外能量（E），从而能产生两个新夸克（每个都具有质量m）的情况下才可能发生。所有额外能量都用来产生那些新夸克，每次打破粒子，破裂的两端各会产生一个新夸克，因此我们仍然不能探测到单独的夸克。

这种单纯依靠能量产生粒子的方式本身（也可以说$m=E/c^2$，而非$E=mc^2$）对我们理解亚原子世界是至关重要的。在粒子对撞机中，两束高能粒子迎头相撞，或者撞击静止靶标。这时，快速移动的粒子会停止下来，而施加在这些粒子上的动能转化为四散飞出的新粒子。这些粒子是因撞击而产生的，并非是存在于原有粒子的内部。它们实实在在是完全通过能量而产生的新粒子。大多数这样产生的粒子并不稳定，会分裂为质量更小的粒子，最终成为普通的质子、中子和电子。但是，它们的分裂可以为研究其内部结构提供线索，这进而促进了标准模型的完善。第一步是找到一个可以描述强相互作用的模型。

现在，将夸克封闭于原子核内部的相互作用力被认为是真正的强相互作用。原子核之间的作用力，最初的强作用力，被看作是这种真正的强相互作用的较弱的痕迹，它们溢出原子核，影响周围的夸克。支持夸克模型的证据一旦得到证实，物理学家们很快就能建立起一个作用于夸克之间的强相互作用模型，因为他们自20世纪40年代以来，已经建立起了一个描述像电子和质子等带电粒子通过电磁感应而相互作用的极其精确的模型。

这一模型以场理论为基础，就像我们所熟知的磁场，这是一种来自某处而散布在空间中的作用力。对于磁场，我们甚至可以"看到"它是如何起作用的。把磁条放在一张纸的下面，将铁屑撒在纸上，轻轻地弹一下纸面就可以看到铁屑沿磁场磁力线方向排列。因为现代场理论融合了量子物理学说，因而被称为量子场论。量子理论有关电磁感应的一个特殊之处便是光[1]来自被称为光子的夸克。光子在量子物理语汇中被称为场量子，而且被认为是由场中被外来能量"激发"出

---

1. 此处的"光"并非仅指可见光，而是任何形式的电磁辐射，包括无线电波、X线等。

来的那一小部分。

在20世纪30年代，物理学家们提出：电磁作用可以被表述为带电粒子间光子的交换。这一模型的早期版本预测的带电粒子状态的属性与实验观察到的属性相近，但与实际测量到的带电粒子间相互作用的值不太一致。但是，到了20世纪40年代，这些不一致得到了解决，而且借助量子世界最怪异特点之一的"不确定性理论"，现代量子电动力学理论得以发端。

量子不确定性实际上非常精确。这一理论由德国物理学家维尔纳·海森堡（Werner Heisenberg）于20世纪20年代晚期提出，最初着眼于粒子的两种惯常属性——粒子的位置与动量（物体运动方向与运动速度的度量单位）。在日常生活中，我们通常认为，原则上可以同时度量物体的位置与动量（比如对台球就可以）。在同一时刻，我们能既知道物体的位置，又知道其去向。海森堡发现对于电子与光子等量子实体来说，情况并非如此——而如今只要我们对其波粒二象性稍加思考，就会觉得这一点是显而易见的。位置确实是粒子的典型属性，但是波在空间中并无精确位置。如果量子实体同时具有（或表现的似乎具有）粒子和波两方面的特性，那么无法精确判定其位置便不足为奇了。

海森堡发现，量子实体位置的不确定性程度（所处位置的不确定性）与其运动的不确定性（运动方向的不确定性）有关，即位置越精确则动量越不确定，反之亦然。联系两个不确定性的数学方程式如今被称为海森堡不确定性关系（Heisenberg's uncertainty relation）。不确定性的关键之处并非源于人类认知水平浅陋，或者诸如测量电子等物理现象的实验手段之不足等原因。它是依循量子世界的特性而固有的。确切地说，电子的确不会同时具有精确的位置和动量。例如，封闭在原子中的1个电子，在空间中的定位是相当精确的，但是当其围绕电子云运动时，其运动却是不断变化的。像波一样在空间中运动的电子可能具有非常精确的运动，但是它并不在波的"某一点"上存在。

　　尽管这些已经够让人不可思议的了，但这还不是故事的全部。量子世界中，同样的量子不确定性适用于另一些相互对应的属性，其中的一组便是能量与时间。把海森堡不确定性关系与爱因斯坦的狭义相对论（该理论探讨的完全是时间与空间的关系）结合起来，我们就知道，假设"你"对看似真空的一定体积的空间进行一段时间的观察，却不能确定其中究竟蕴含着多少能量。对此感到迷惘的不仅仅是"你"。对于位置与运动，大自然本身亦无从了解。如果花费的时间长一点，你就能确定空间是真空的（或者非常接近真空）。但是，花费的时间越短，你对某一体积（的空间）中存在有多少能量就越是无法确定。在足够短的一段时间内，只要能量能在不确定性关系所设定的时间内再次消失，那么就存在一种可能性，在那一时间段内，能量会充满这一体积的空间。

　　这种凭空产生的能量可能以光子的形式出现，并且很快消失。或者这种能量甚至会以比如电子之类的粒子形式出现，只要它们是存在于不确定关系所允许的短暂时间中。这种短暂存在的实体被称为"虚拟"粒子，而这整个过程则被称为"真空涨落"。在这个模型中，"真空空间"或者"真空"，从量子的规模来看，是存在扰动的。具体来说，像电子等带电粒子会混迹于大量虚拟粒子与光子中，并且这些虚拟粒子和光子，虽然存在周期短暂，也会与电子发生作用。采用量子电动力学来解释大量虚拟粒子的存在，可以精确预测出与实验中测得的带电粒子属性相一致的结果。实际上，实验结果与这一模型的吻合程度精确到了一百亿分之一，或者0.000 000 01%。我们之所以无法达到更高的精确度，只不过是因为能够进行更精确测量的实验方法尚未设计出来。对于科学模型的检验而言，这已是世上理论与实验的一致性最高的实例了。即便是牛顿的万有引力定律也没达到这种精确程度。从测量的角度来说，量子力学是整个科学界最成功的模型。而且，只有将量子不确定性、扰动真空和虚拟粒子的作用都包括在内，才能达到如此高的一致性。整个模型通过了检验。

因此，当物理学家意欲建立一个夸克与强相互作用之间相互作用的模型时，他们很自然地想到了采用量子力学作为模板，并且试图提出一个类似的量子场理论。在这一模型中，负责传导强相互作用的场粒子被称为"胶子"（gluon），因其将夸克胶合在一起。正如光子与电荷相联系，胶子与另一种称为色子（colour）的电荷相联系，但这一术语与通常所理解的色彩毫无关系。电子只有两种变化，正极与负极，而色子有3种变化，称为红、蓝和绿。为使强相互作用模型有效，需要8种不同的场量子，而电磁模型只需要一种，就是光子。此外，胶子具有质量，这与光子不同。

基于量子电动力学的强相互作用模型被称为"量子色动力学"（QCD），因其是以色彩名称来表示的。因为场量子种类更多，情况复杂，并且具有质量，QCD（量子色动力学）所做预测与实验结果的一致程度不如QED（量子电动力学）预测得精确，从而意味着标准模型并非是物理界的终极结果。但是，标准模型仍然是我们关于质子与中子等物理原理最好的解释。

光子与胶子等场量子统称玻色子［为纪念印度物理学家萨蒂恩德拉·玻色（Satyendra Bose）］，而我们过去惯常认为的电子、夸克等粒子被称为费米子［以意大利物理学家恩里克·费米（Enrico Fermi）的名字命名］。正如玻色子可以看作场量子，费米子也被认为是与"物质场"有关的量子，这进一步混淆了"粒子"与"作用力"的区别。然而，两者之间的确是有区别的。其主要区别是，玻色子仅凭能量便可无限制地产生出来——你每次打亮手电便有数十亿计新生的光子涌入室内。但是，远溯至大爆炸，直至今日，宇宙中费米子的数量一直保持不变。从能量中产生一个像电子一样的"新"费米子的唯一方式，是能同时产生出一个镜像的反粒子（对于本例来说就是一个正电子）。这一镜像粒子具有相反的量子属性（本例中就是带正电荷而非负电荷的电子），因此从计算费米子数量的角度来看，这两种粒子正负相抵，同归于无。关于反物质，本书后面的章节仍会谈到。

因而，我们现在知道有3种不同的费米子——电子、上夸克和下夸克。我们也知道有3种不同的相互作用——引力、电磁力和强相互作用力。然而，还有一种费米子和相互作用要加进来。标准模型中这些额外的因素是解释19世纪初观测到的一种现象所必需的，但是直到20世纪60年代该现象才用数学方式圆满地表述出来。这一现象称为β衰变，与原子放射出电子（过去被认为是β射线）的过程有关。之所以花了这么长时间物理学家才弄清楚这一现象的原理，是因为随着物理学家对原子结构的探索不断深入，其特性似乎也不断发生变化。

从某种程度来说，既然原子中含有电子，那么原子可以放出电子是不足为奇的。然而，实验显示，β衰变过程所释放的电子实际上是来自原子中的原子核，可原子核中并不含有电子，只有中子和质子。实验发现，在β衰变过程中，中子分裂出1个电子，并将自身转变为质子。这样，正电荷与负电荷便相互抵消了，宇宙中也没有发生电荷的变化，但是一个额外的费米子似乎是产生了。另外，为了平衡放射出的电子的能量与动能，似乎应有一个看不见的粒子以相反方向从衰变的中子里飞出来。这两个谜题到了20世纪30年代早期才得以解决，即当能量产生出一个β衰变的电子之时，会产生一个对应的费米子，这称作中微子（严格说来，为平衡费米子的数量，还需要产生一个反中微子）。中微子不带电荷而且质量极小，所以直至20世纪50年代这一猜想［由奥地利物理学家沃尔夫冈·泡利（Wolfgang Pauli）提出］才被实验所证实，但也仅是"证"实而已。但是，即便在那时，人们也清楚，中子"内部"既不存在电子，也不存在中微子。由于β衰变，中子的内部结构被重新排列，以这两种粒子的形式放出能量，并且将中子转变成质子。

现在人们用夸克理论来解释这一过程。1个中子含有2个下夸克和1个上夸克，而1个质子含有2个上夸克和1个下夸克。下夸克带有相当于一个电子1/3的电荷，而上夸克带有1个电子2/3的电荷。因而，如果1个下夸克转换成1个上夸克，恰好剩下只有1个单位的负电荷必须被带走，而这一负电荷的缺失，构成1个单位额外正电荷的整体平衡。这便是2个负电荷生成1个正电荷的极好例子。中子变成了质子。

电荷由电子带走，而某些额外能量则由反中微子带走。这样，宇宙中费米子的数量和整体电荷的数量保持不变。因为下夸克的质量大于上夸克的质量，而质量等效于能量，一切便能维持完美的平衡。当然了，这还需要有一种额外的相互作用力在相关粒子间起作用。

这种"新的"相互作用力被称为弱相互作用（因其强度不及强相互作用力）。关于它的理论已经能帮助我们洞悉放射性衰变（当原子核分裂之时）和核融合（nuclear fusion，当核子聚合以产生更为复杂的核子之时，正如恒星内部所进行的）的过程。为了与实验数据相符，弱相互作用要求存在3种玻色子，W^+和W^-粒子，每一种都带有适当单位的电荷，以及电中性的Z粒子。这种模型比起QCD来，能更方便地用数学方式表述，但是比QED复杂。如今，弱相互作用理论不仅仅用来表述简单β衰变，为描述这一原理，现代β衰变理论的图景可以设想成1个下夸克以W玻色子的形式释放出能量，将自身转变为1个上夸克，然后W玻色子的能量在极短时间内以1个电子和1个反中微子的形式将自身转变为物质。

W粒子与Z粒子像胶子一样具有质量，而模型预测了它们的质量。标准模型最伟大的成就之一，就是在20世纪80年代，位于日内瓦附近的欧洲核子中心的实验室探测到了这些粒子，而且发现它们的质量恰如模型所预测的那样。自那以后，尽管在某些方面标准模型变得越来越复杂，但在另一些方面却越发简单。

标准模型的精髓是仅以4种粒子表述我们熟知的物质世界。还有就是4种相互作用[1]。这4种粒子是电子和中微子（统称轻子），以及上夸克和下夸克。4种相互作用是引力、电磁力以及弱核力和强核力。这便是物理学家们解释地球上一切自然现象和我们能看见的太阳和所有恒星运动所需要的全部东西了。但是，让他们诧异的是，这些竟然还不足以解释在他们的粒子加速器中所观测到的非自然的高能过程。

　　的确，在宇宙中似乎只有这4种相互作用在起作用。奇异之处在于粒子世界不仅是双重的，而且在高能量下还会是三重的。如果有足够多的能量，就有可能进一步产生出两代短暂却具有质量的所有4种基本粒子的对应物。首先，存在着与介子中微子相联系而被称为"μ子"介子的电子的重对应物，和两种被称为"粲"（charm）和"奇"（strange）的更重的夸克。其次，是称为τ介子的更重的"电子"，与之相关的是τ中微子，以及称为"顶夸克"和"底夸克"的两个非常重的夸克。欧洲核子研究中心的精密实验证实，这便是终极答案了。无论在粒子碰撞中增加多少能量，都无法再得到第4代粒子。

　　当加速器产生出这些更重的粒子之时，它们迅速地衰变，最后变成与第一代粒子相同的粒子。因此，在当今世界，它们只具有学术研究的价值。但是，在能量充沛的早期宇宙环境下，它们可能会大量产生出来，并且对宇宙的演进构成影响。没有人知道，宇宙中何以允许4种基本粒子的更重的演化版本的存在。这是标准模型尚非物理学终极原理的另一个标志。但是不要因此而灰心。甚至当标准模型将这些

---

1. 我们指的是4种粒子，详加解释似有些多余了。

不受人待见的额外因素加入粒子世界之中时，它也在排除其中一种作用力，同时也为排除另一种作用力指明了方向。

除了粒子的质量与电荷之外，将 W 与 Z 玻色子表述为弱场粒子的方程式和将光子表述为电磁场粒子的方程式极其近似。而且，麦克斯韦的电磁方程式已经描述了电荷的问题。20 世纪 60 年代，物理学家们意识到，假如他们能够找到一种将质量加入光子的方法，他们将得到一套唯一的方程式，可以同时表述电磁场和弱场，这样他们就能将这两种场合并为一个"弱电"统一的相互作用。理论物理学家在找到圆满的模型之前，曾多次走错路，钻入了死胡同。[1] 他们提出的模型如今成为标准模型的重要组成部分。这一模型实际上是由在 CERN 工作的英国物理学家彼得·希格斯（Peter Higgs）建立发展起来的，他试图找到一种强作用力模型，时下众多科学界人士也为这一概念的发展做出过贡献。

希格斯提出的这一概念是，所有粒子本质上是没有质量的，但是存在一个充斥于宇宙而先前不为人知的"新"场，这种场作用于粒子，使其具有质量。这种场如今称为希格斯场。简单而形象地理解这一原理的方法是，想象如果空间中实际上存在看不见的气体，如空气，那么宇宙飞船的飞行方式就会被改变。在真空中，如果太空探测器是用火箭发动机提供稳定推力，那么只要发动机不断燃烧，探测器便以固定的速率加速。但是，如果探测器是在一个充满同质气体的空间中活动的话，由于空气阻力的缘故，当发动机以稳定的速率燃烧时，探测

1."圆满"总是意味着模型能做出符合实验结果的预测。

器的加速度就不会这么高。如果探测器比实际重量更重（质量更大）也会出现同样的效果。同样，无质量的粒子通过希格斯场时也会遇到阻力，于是粒子似乎是被赋予了质量，而这额外的质量取决于个别粒子的性质以及受到希格斯场影响的强度。

这一模型预测了 W 和 Z 粒子的质量，并且，正如我们所说，1984 年欧洲核子研究中心进行实验的能量已经达到了能按照 $E=mc^2$ 方程产生具有预言的质量粒子的程度。结果发现这些粒子不但如预测的那样，而且质量也分毫不差。这是标准模型最重大的成就之一。但是，这一模型还有一个重要预测尚未得到检验。

根据该模型，希格斯场像所有场一样，必须具有与之相关联的粒子 —— 希格斯玻色子。这一粒子质量过大，无法在地球上任何一个实验中产生出来。然而，按照计划，2007 年欧洲原子核研究委员会将会投入使用称为"大型强子对撞机"（LHC）的新加速器。从大型强子对撞机的巨大规模和高昂造价就可以看出，为了探究到了这一层次的宇宙本质，需要付出多么大的努力。大型强子对撞机深埋在 100 米的地下，位于深入坚硬岩石之中周长 27 千米的圆形隧道中，它利用已经通过 CERN 现有加速器预先加速到高能状态的质子束，并把这束具有 14 TeV（1 TeV 即 1 万亿电子伏）能量的质子流分开，以两个方向沿隧道运行，迎头对撞。其动能相当于一只飞动的蚊子的动能 —— 但是却是将这些动能压缩到一只蚊子体积的一万亿分之一的粒子上。这一能量足够纯粹用能量制造产生出 1000 个质子。大型强子对撞机还能将两束铅原子核以略微超过 1000 万亿电子伏特的能量对撞。大型强子对撞机使用 1296 个超导磁铁和 2500 个其他类型的磁铁引导并加速粒子束，其造价约为50亿欧元（接近35亿英镑）。这便是我们检验标准模型必须付出的代价。如果标准模型确实是正确的，那么LHC全面运转之后应该能很快产生出希格斯粒子。如果能像先前预测的那样发现希格斯粒子，将会使标准模型更为可信，而彼得·希格斯也一定会得到诺贝尔奖。即便标准模型不能产生出预测的物质，也能为探索亚原子世界的科学模型指出更好的方向。

因此，我们**认为自己已知的内容，是粒子物理学标准模型**由能够再衍生两代粒子（原因不明）的两对4种基本粒子（电子和质子，上夸克和下夸克）融合而成。这一标准模型也融合了3种作用力（引力、弱电相互作用和强相互作用），外加希格斯场。这一揽子理论解释了地球上的一切，以及恒星演化的原理。但是，物理学家们想更进一步。他们意欲解释宇宙从何而来，以及恒星与行星之类天体如何生成。正如我们将在第3章所看到的，有确凿证据表明宇宙起源于约140亿年前的一个炽热火球，其能量远超我们通过实验所能得到的能量。因此，为了理解世界从何而来，并且最终理解"我们"从何而来，理论物理学家就必须超越标准模型而深入我们**认为**自己所知晓之事。

第 2 章
是否存在万物至理？

　　电弱统一论的成功激励了物理学家，使他们意图统一电弱相互作用与强相互作用，并且渴望今后能将引力也融入进来。试图在一个数学模型中同时表述电弱相互作用与强相互作用的模型通常被称为大统一理论（Grand Unified Theories，缩写为 GUTs）。如果再融入引力，那这一理论将成为"万物至理"（Theory of Everything，缩写为 TOE）。以我们目前的认识程度而论，以上两种情况中，"理论"一词或许换成"假说"或者"模型"更好。我们这些人（即物理学家）试图做的是要推断出宇宙演进的物理定律，这有点像传记作家或者历史学家推断恺撒等关键历史人物做出决策背后存在何种动机的过程。我们是在知道那些决策的结果之后，反过来推断其动机。同样，我们是在知道宇宙中物理定律运动的结果的情况下，逆向推断那些规律到底是什么。

　　对于历史来说，用不同的方式观察某个事件，就能得到对该事件不同的理解。物理定律与此类似。例如，虽然我们根据中子衰变而提出弱场理论，但是此类相互作用也从另一侧面说明了大统一理论是如何构成的。外来中微子能够通过弱相互作用与中子发生作用（严格地讲，是与中子内的下夸克发生作用），而并非是中子分裂出电子和反中微子并将自身转变成质子。这一过程中，中微子转变成电子（并且中子转变成质子）。换言之，弱相互作用能够将一种轻子变成另外一种轻子。根据量子色动力学，当胶子在夸克间移动时，它们携带色荷，因而它们能改变夸克的颜色（应该说是"色荷"）。换言之，强相互作用能将一种夸克变为另一种夸克——这种把戏弱相互作用也会玩，只不过是方式不同罢了，是将中子内的下夸克变为上夸克。因此，将一种粒子（一种费米子）变为另一种粒子是可能的。物理学家们自我设问的问题是，是否能够找到一个模型，能将一种载荷子（一种玻色子）变为另一种？随着弱电统一理论和量子色动力学的成功，他们探寻这一问题答案的努力导致了大统一理论的发展。

我们仍旧只能说这是一种可能的大统一理论，而非是独一无二确定无疑的理论。这一事实表明这项工作尚未完结。但是，所有这些模型都有一个重要意义——玻色子能将一种负荷转换成另一种负荷，也能将轻子变为夸克，反之亦然。这不足为奇，因为夸克和轻子有三代，每一代都会产生1对轻子和1对夸克，这就已经暗示我们，在这两个费米子之间，存在某种基本的联系。它意味着，正如中子能与弱场的玻色子相互作用衰变成质子，质子也应当能够与统一场的玻色子作用将其自身转变为轻子。这意味着甚至质子也会衰变，因为质子内部的夸克被转变成轻子。在整个大统一理论家族中，这是一个可靠并可以进行验证的预测。

统一场中假定存在的玻色子被称为X和Y粒子。它们从未被探测到，但这并不奇怪，因为模型告诉我们，X和Y粒子，以粒子标准来衡量，肯定具有巨大的质量——典型情况下是质子质量的1000万亿倍（10^{15}倍），因而要求加速器的能量能够达到比我们发现W和Z粒子所需要的高出 1 万亿倍（10^{12}）的程度。[1] 多种 X 与 Y 粒子像夸克一样也有部分电荷 —— 相当于 1 个电子 4/3，或者 1/3 的正负电荷。它们还具有不同的色荷。如今，质子只有在能够以真空涨落的形式从量子不确定性中"借得"适量能量之后，才会发生衰变，在短瞬间产生玻色子。

如此，某种形式的质子衰变就能这样进行下去。质子中的 1 个上夸克（2/3 电荷）将自身转变为 1 个反上夸克（−2/3 电荷）并且释放出 1 个 X 玻色子（这个玻色子的质量甚至大大超过夸克的质量！）。这个 X 玻色子（4/3 电荷）也将与 1 个邻近的下夸克作用，转变为正电子。这使得反夸克与质子中剩余的 1 个上夸克相匹配。这个上夸克及其反物质相对物反夸克形成一个称为临界点的暂时临界状态，但是很快便会彼此消融，释放出正电子并迸发出高能电磁辐射（光子），这便是最初质子的遗痕。但是，这种反应的发生完全依赖于从真空中获得能量使虚拟 X 玻色子能维持足够长的时间。虚拟玻色子存在的时间很短，只能移动不超过 10^{-29} 厘米便会消失，因而 2 个夸克彼此距离只有如此接近才能受其作用。

模型告诉我们这种情况到底有多大可能性。根据那些模型中最简单的形式，个别质子发生真空涨落凭空产生足够能量的机会非常之小，即便你有一个充满质子的盒子，再等上超过 10^{30} 年（那差不多是宇宙年龄的 1 万亿亿倍），也只有半数的质子会衰变。质子数的多少并不重

---

1. 粒子物理学家们用电子伏（electron Volt，缩写为 eV）作为度量质量的单位。质子的质量差不多是 10 亿电子伏，或者记为 1GeV。因此，1 个 X 粒子的质量约为 10^{15} GeV。事实上，物理学家们同时用电子伏度量能量和质量，因为爱因斯坦发现质量与能量是彼此统一的。爱因斯坦著名方程式中的系数 c^2 在实际中的作用正如算式中的一样，分毫不差。

要。如果开始时有1000个质子，那么经过那段时间将有500个会衰变。如果开始时有10亿个质子，那么经过那段时间只有5亿个会衰变。出于显而易见的原因，这一特定的时间量程被称为质子的"半衰期"，而且这种衰变过程存在不同的特定半衰期。[1] 显然，对于单个质子来说，其在一个人的生命周期中发生衰变的机会微乎其微。然而，宇宙中存在着大量质子（例如，你身体内大约含有10^{29}个质子）。如果你在相当短时间内观察大量质子，你至少应该能看到少数几个发生衰变。假如半衰期是10^{30}年，假如你观察10吨重的大块物质，你每年应该看到大约5个质子的衰变。任何物质无不如此 —— 水、铁、香肠或者任何包含质子的东西。这种实验已经在做了（通常是用大罐的水，因其便于操作），目的是寻找这种衰变所产生的标志性的正电子。直到现在，质子衰变的痕迹从未被观测到，而且这也告诉我们，质子的半衰期至少是5×10^{32}年（即5后面跟32个0）。这比最初的大统一理论所预言的半衰期要长。但这实际上是好消息，因为出于其他原因，人们对模型也进行了改进，结果使得计算结果发生变化，使得质子的半衰期更长了。

其中的一个改进是，当你接近1个粒子时，某种与作用力的强度有关的改变发生了。我们先前探讨相互作用力的强度之时，所说的力是在距离粒子相当远的距离（与粒子的大小相比较）下测得的力的强度。因为从人类标准来看，电子的"一定距离"仍旧是极其微小的，所以这是一个恰当的最初近似值。然而，环绕电子的虚拟带电粒子云屏蔽了电子显露于外的本征电荷。这层屏蔽使得我们从某个距离上

---

1. 例如，1个中子（位于原子核外部与内部情况不同）的半衰期大约是10.3分钟。

测量到的电磁作用力，比真的能"近距离"测量所获得的作用力要弱。因此，就单个电子或者任何带电粒子而论，在小范围内距离越接近其电磁作用越强。另一方面，当你接近粒子时，夸克和胶子与虚拟粒子相互作用的方式使得粒子的强相互作用变弱了。因为 W 和 Z 粒子质量的影响，电弱相互作用较电磁作用要复杂些。考虑这些因素，相互作用与电磁作用的"净"强度介于强相互作用与电磁作用之间，并且随距离接近而减弱。

如果标准模型是完美的，所有这些作用在一定距离上将显得强度相同。正如所述，研究更短距离上的作用力需要将粒子束加速到更高能量，等于说在一定能量下，强弱相互作用和电磁相互作用显示出相同强度。这一距离确实极其微小 —— 约为 10^{-29} 厘米。我们几乎无法理解如此微小的数字究竟意味着什么，我们可以假设，当 1 个典型的原子核膨胀为直径 1 千米的球体时，10^{-29} 厘米的物体同比才能膨胀到 1 个原子核的大小。其能量当量约是 1 个质子物质能量的 10^{15} 倍，是我们通过实验远无法达到的。无独有偶，其能量相当于 X 与 Y 玻色子的质量。我们也可以换个方式，从能量产生粒子来思考。如果拥有足够产生 X 和 Y 玻色子的能量，肯定也足以产生出 W 和 Z 粒子和你想得到的胶子。如此，所有虚拟粒子便都成为现实粒子 —— 它们不再是虚拟粒子，而是因获得能量而成为真正的粒子，即不再像电子那样必须环绕粒子形成紧密粒子云，而是可以自由游荡的粒子了。如此，屏蔽效应消失了，所以我们便能看到其净荷载了（电荷、色荷等）。

标准模型及其进一步阐释的缺陷是尽管其预测了发生这些过程的能量级别，但是却无法预测将 3 种相互作用统一起来的同样的能量。

据称，电磁相互作用与弱相互作用以某一能量级汇入电弱相互作用中，电磁作用和强相互作用以另一种能量级汇入，而弱相互作用和强相互作用则以第三种略有不同的能量级汇入。但是这三种统一可以用大统一理论体系中的一种，即超对称理论（supersymmetry，缩写为SUSY）融汇起来。

我们已见识过粒子对称性，即一种费米子变化为另一种费米子，以及一种玻色子转变为另一种玻色子。20世纪70年代中期，朱利安·怀斯（Julian Weiss）在德国，布鲁诺·祖米诺（Bruno Zumino）在美国的加利福尼亚分别提出了超对称理论，即费米子和玻色子可以通过另一种对称作用 —— 超对称性 —— 相互转化，即将费米子转化为玻色子，反之亦然。

对于常识来说，这太荒谬了。物质怎么能转变成力，力又怎么能转变成物质呢？但是，量子世界经常与常识相违背，而我们也的确遇到过一些怪异的现象。量子世界中波与粒子是可以相互转化的，或者说这是事物的两个方面，即便我们在日常生活中将电子视为粒子，而将电磁力视为波。因此，将力的承载物看作可以与物质的粒子相互转换似乎也不是太令人惊诧的思维跳跃。量子语言中，超对称性意味着费米子能转化为玻色子，而玻色子也能转化为费米子。但是，旧的费米子不能转化为旧的玻色子，每种粒子都必须与其超对称性对应物相匹配。

然而，其对应物何在呢？我们已经知道，轻子和夸克是存在关系的，因此电子和中微子"隶属于"上夸克和下夸克。但是没有任何一种已知的物质粒子能够通过适当的超对称性"隶属于"某种已知的力的承载物，而且也没有任何一种已知的玻色子"隶属于"任何一种费米子。但是理论家并未受此现实限制的影响，提出（在数学家的支持下），每一种已知的费米子（如电子）应该有一个超对称伙伴（在这种情况下，将其称作 selectron），我们从未见过它；每种类型的玻色子（如光子）也应该有一个费米子对应物（在这种情况下，称作 photino），我们也从未见过。这些假想的实体统称为"超对称性粒子"。之所以从未发现过这种粒子，首先是因为它们的质量很大（所以在地球上的加速器实验中并没有制造出任何这种粒子）；其次，它们不稳定，因此会迅速衰变为某种熟悉的费米子和玻色子，以及较轻的超对称性粒子的混合物。假如超对称性的想法是正确的话，应该只有一个例外。最轻的这些"超对称伙伴"（可能是 photino）应该是稳定的 —— 它们不可能再衰变成比其自身更轻的东西了，因为不存在这样的更轻的东西。

　　人们之所以对这套想法非常认真地加以考虑，是因为为了给最简化版的超对称性（也称为最小超对称性）腾出空间，对标准模型的修改，会将电磁力、弱力和强力发生变化，使它们正好在某个点上汇聚到一起。这个点就是能量大约为 10^{16} GeV（10 亿电子伏特），而不是 10^{15} GeV。此外，将超对称性加入方程组也改变了质子预测的半衰期，使其超过了迄今所做实验测得的水平。

　　因此，没有证据表明超对称性理论是错误的，甚至，我们很快就可能找到证据表明它是正确的。物理学家们之所以对大型强子对撞机的前景兴奋不已，原因之一就是它能够产生超对称性配偶子（或称超对称性伙伴，supersymmetric partners），其质量是质子质量的数千倍（数万亿电子伏特）。如果大型强子对撞机**不能产生**出希格斯粒子（Higgs particles），那便会太出乎意料了，整个大统一理论也恐怕要另起炉灶了。不过这种事情几乎不可能发生，原因之一是大统一理论至少有一项可取之处。对其有利的证据的来源表明，粒子物理学家为了检验其模型，正不断地求助于天文学。

最小超对称性的另一个预言就是中微子也有微小质量。在不包含超对称性的标准模型中，中微子像光子一样完全没有质量。20世纪60年代后期，一个旨在观测太阳中微子流的实验显示到达地球的中微子微乎其微，这一直以来都是一个谜。太阳中心的核反应产生大量电子中微子并使其得以发光，而且这些倾泻到地球上（并穿越过去）的中微子可以通过核物理学和天体物理学标准模型预测出来。然而，当雷·戴维斯（Ray Davis）与其同事在美国开始中子流观测实验时，他们仅仅发现了相当于预测值1/3的此类粒子。假定核物理学与天体物理学模型是正确的——有众多独立证据证明这一点——一种可能的解释是，电子中微子在飞向我们的途中，变成了另外形式的中微子。这一过程称为振荡，即电子中微子会变成 μ 介子和 T 粒子中微子，而后在穿越空间时再变回电子中微子，或者两者的混合，因为最初的电子中微子最终混入了3种形式的中微子。因为中微子共有3种，而且混合得很均匀，这一过程就导致了戴维斯所设计的探测器只能发现1/3的中微子，因为它"看不到"其他形式的中微子。但是，只有在中微子具有质量的情况下，才会发生这种振荡。在20世纪70年代，这可是戏剧性的发现，而且是物理学界一项新的进展。**天文**发现向物理学家们展示了所知最微小粒子的特性。依靠这些开创性的实验，其他地面上进行的对太阳中微子的研究以及实验中对中微子振荡的直接观测，都证实了天文学家是正确的。中微子的确具有质量（大约1/10电子伏）[1]，而且它们也发生振荡。循着这一系列发现，我们很快便会看到，天文学与粒子物理学的联系越来越紧密了。

总而言之，大统一理论与超对称性理论的结合看来前景广阔，而且其预测结果将在21世纪头10年之内得到检验。如果实验顺利，下一步将是设法将重力纳入这一体系，造就真正的万物至理。总之，若要做到这一点必须将引力作用表述为粒子交换的形式，称为引力子，而且必须假定存在超对称性对偶子 —— 引力微子（gravitino），从而将引力纳入超对称性体系。这种对大统一理论的变革统称"超引力理论"，但它们推测的成分多一些，尚待实验检验。引力子并不单纯是由超对称性大统一理论（SUSY GUTs）预测出来的。任何版本的量子理论都将引力作用想象为引力子交换，就像电磁作用是通过光子的交换起作用一样。广义相对论指出，引力作用与引力波相联系，正如电磁作用与电磁波相关一样。光子是电磁场的量子，同样，引力子是引力场的量子。引力子必须像光子那样无质量，以便引力产生像电磁作用般的远距离影响。但是，与光子不同的是，引力子能（根据模型如此）相互作用，使得计量起来极为困难。因为，引力极其微弱，所以就需要极其敏感的探测器来识别与引力子有关的波。这样的探测器正在建造中，大约再过不了几年便可直接用来探测引力辐射。然而，已经有天文观测证据表明（此处指关于脉冲双星的研究，即相互绕转两颗中子星），引力波是存在的。

---

1. 比较一下，1个电子的质量是51.1万电子伏。

如前所述，爱因斯坦广义相对论曾预言了引力波的存在，即将空间（严格而言，是"时空"）视为因物质存在而被扭曲的弹性实体。假如你将真空空间想象为一个被拉伸的扁平橡胶皮，那么上面的弹子球将会沿直线从上面滚过。但是，假如你在其上放置一个重物，如保龄球，橡皮膜便会下凹。这样，从重物旁边滚过的石球便会围绕下凹处呈曲线运动。辅之以恰当的数学模型便可精确解释为何从太阳近旁经过的光线会发生偏移，并计算出偏移的程度 —— 爱因斯坦的这一预言已经被1919年的日食观测结果所确证了。

然而，更进一步，你可以想象保龄球在橡胶皮上上下弹跳，并在上面制造波动。根据爱因斯坦的方程式，宇宙中所有振动的物质都会在时空中产生波动，而且在三维空间中这些波动应当能被探测到。引力波的影响实际上相当小，因为与自然界其他3种力相比，引力非常微弱 —— 这倒也是我们的一桩幸事，不然宇宙中任何有序结构（包括我们人类自身）都会被穿越宇宙的引力波给撕成碎片了。但是，物质产生的最剧烈的波动，例如一颗恒星坠入黑洞，应该会在空间产生足够强大的波动，令新一代的仪器可以探测到它们。

我们不打算将本书所涉所有实验事无巨细地倾囊而述，结果重于如何获取结果的细节。但是，或许我们有必要选取一个例子来说明，在21世纪初的若干年里，某些科学研究需要国际社会通力协作，并且要集中众多研究者之力，才能完成之。

如今正在进行的引力波实验有4个。规模最大的1个（LIGO）在美国，另有1个在日本（TAMA），1个法意联合实验（VIRGO），以及1

个我们将要细述的称为 GEO 600 的英德探测器项目。大家可不要以为这是 4 家在共同竞争一项全球的项目。实际上，要想确定是否真的探测到了引力波，需要至少两个探测器，这样，通过两个探测器记录下同一时间所发生的波动，来确认这不是由附近的干扰所造成的，比如有卡车通过或发生了滑坡。而为了确定引力波来自天空的位置，以及波动的其他详细属性，则至少需要 4 个探测器。这 4 个探测器的工作原理类似，但在某些方面 GEO 600 是最复杂的，因为受限于严重的财政困难，实验者不得不穷尽其才智，开发新的技术来实现其目标。在 20 世纪 80 年代末，同样的财政拮据曾迫使英、德两国进行了一场后来证明是非常愉快的合作，因为没有一个国家能够独立承担建设引力波探测器。21 世纪重大科学研究往往要采用这种多国合作的形式，而且我们将发现，现在由单独一个国家进行尖端研究已经是极为罕见了（更不用说单独一所大学的一个研究小组了）。孤独的天才的时代——比如牛顿或爱因斯坦的时代——早已不复存在。

GEO 600 这个项目名称中，GEO 所代表的是 Gravitational European Observatory，即"引力欧洲天文台"——当然颠倒一下前两个词，说 European Gravitational Observatory（即欧洲引力天文台）更自然，但是其缩写 EGO，恰好是"自我、自负"的意思，有影响其公众形象的嫌疑。不过，实际上，实验者对自己的评价还是蛮高的。项目名称中的 600 指的是实验的规模，其中包括两个分支，每边有 600 米长，彼此成直角。两个边的长度取决于可用空间的大小。它位于汉诺威以南的农田里，这块地归巴伐利亚州，由汉诺威大学的农业研究中心经营管理。两个边都是沿着农田里的道路修建的，周围是庄稼和果树。事实上，其中一边超出了研究中心的农田边界，进入了毗邻的农场，探出的距离为27米。为此，GEO 600每年要向该农场主支付270欧元作为租金。

　　每个边里面都有一根管子，直径60厘米，由带皱褶的金属制成，仅为0.8毫米厚。管内是真空的，程度与外层空间相当，真空中悬浮着镜子，用来反射沿着管子照射来的激光束。每个镜子重6千克，由4根玻璃"线"悬挂起来，线的直径只有五十万分之一米。整个系统非常之精细，通过分析镜子反射的激光器发出的光信号，研究人员最终能够测量出每一边的不到 10^{-18} 米（也就是不到一百亿亿分之一米，或是质子直径的百万分之一）的长度变化。在2004年末，英国格拉斯哥大学的研究小组的负责人吉姆·霍夫（Jim Hough）说，试运行所达到的灵敏度比其目标偏离了10倍（精度"仅仅"达到了 10^{-17} 米），GEO 600应在2006年年底之前达到其设计的灵敏度。

　　根据广义相对论，引力波通过实验设备的时候，会产生独特的"记号"：首先是将其中一个臂拉长一定的量，并同时压缩另一个臂，然后这一进程会反过来出现一次。它就像是时空中的地震，同时让你先长高变瘦，然后逆转这一过程，让你变矮变胖。正是有这种独特的模式，我们才能测量这种微小的变化。即使GEO 600系统无法以如此高的精确度测量某个真空管的长度变化，但是通过比较两根管子里的激光束的干涉情况，也可以测量出两根管子的相对变化。如果GEO 600发现这样的记录的同时，LIGO或其他的探测器也测量到了类似的变化，那么研究人员就能断定，他们看到的是穿越空间和地球的引力波的波纹。除了最初的发现可能带给我们的兴奋之外——从现在起，这随时都可能发生——未来的对于此类事件的观察将提供洞察宇宙中最大的爆炸的机会，也许能让我们有机会了解宇宙大爆炸本身（引力波在 2016 年被 LIGO 探测到。——编者注）。

　　吉姆·霍夫说，在 2009 年前，GEO 600 观测到这样的信号的概率为 50/50。如果做不到，下一步研究者将要升级 LIGO，为这个更大的实验设施安装根据 GEO 600 的创新设计改造的探测器（LIGO 的单臂长度是 4 千米，但是其探测器不如 GEO 600 的复杂，因此其精度与 GEO 600 目前的精度相当）。霍夫说，经过改进，他百分之百确定，到了 21 世纪第二个 10 年，一定会发现引力辐射。他之所以有这样的信心，其中一个原因是无论地面实验发生什么情况，到了 2012 年，空间实验 LISA（激光干涉空间天线）项目都会发射升空。该实验包括 3 个编队绕太阳轨道飞行的航天器，各自相距 500 万千米，呈三角形分布。连接 3 个太空探测器的激光束将能够测量其相互距离的变化。这种变化是由引力波压缩和伸展扩张本身所造成的，其精度约为一千亿分之一米（10 微微米）。[1]

　　与此同时，抛开寻求引力辐射所取得的进展不说，寻求万物至理的努力在 20 世纪 80 年代中期得到了提升。当时有一类模型在建立的时候尚未考虑引力，其演算结果却自动包括了作为引力相互作用承载着的玻色子的所有属性。这些所谓的弦模型（理论）是目前物理学界在讨论万物至理的时候最热门的话题，我们回头还会继续讨论它。

---

1. picometer：据《维基百科》，皮米（picometer，pm）是长度单位，1 皮米相当于 1 米的 1 兆（即 1 万亿）分之一。有时在原子物理学中称为微微米（micromicron）。国内一些词典解释为"皮（可）米，微微米，百亿分之一米"，有误。——译者注

　　弦的观念一部分来自数学物理学家在把玩方程的时候的天然兴趣，一部分则来自一个关于所有粒子的非常实际的问题，即人们将所有粒子看作没有半径或体积的点。可问题是，在描述类似电场力的情况时——比如说其电场力与某个电子直接距离的平方成正比——如果电子没有大小，那么这个距离就可以一路算下去，直到为零。可是拿任何数除以零都得到无穷大，这样方程的解就是无穷大，这毫无道理。解决这一困境的办法叫作"重整化"。这样在求解的时候，用一个无穷大来除以另一个无穷大，这样就能获得一个合理的答案。重整化可以较好地解决标准模型和量子色动力学中的问题，但它确实是没有办法的办法。许多著名的物理学家，其中包括理查德·费曼，都认为重整化说明该模型存在严重的缺陷。

　　弦理论则认为构成物质世界的基本实体是可以延展的对象——弦——而不是点。弦的端点可开可合，可以是开放的，也可以构成微小的环。根据该模型，它们甚至能以比任何我们能够想象到的规模更小的规模存在——到这个程度上，说出其长度恐怕难以有任何意义了：一个弦的长度约为 10^{-33} 厘米长。这大约是质子半径的一万亿亿分之一（10^{-20}）；换一种说法，假如说1个质子的直径是100千米，那么一个弦的长度才相当于实际质子直径的长度。要想测量弦的长度，恐怕根本没有任何希望，因此要想检验弦理论是否成立，只能是检验其对于质子尺度的世界所做的预测是否成立。[1] 有两件事使弦模型成了今天的一个热门话题。首先是一类弦模型没有必要重整化——或者更确切地说，它们似乎是自身自动进行了重整化，无须数学家的任

---

1. 但是，这里可能有必要提醒诸位，世界是否确实是由微小的弦构成的这个问题并不重要，重要的是它是否表现得犹如是由微小的弦构成的。

何帮助；方程中所有的无穷大似乎自动抵消了。第二点——这也是在绝大多数物理学家眼中更为重要的一点——是弦模型包括了引力子在内。这完全是意外之喜。在 20 世纪 80 年代，那些鼓捣弦理论的理论家当时并没有认真考虑引力的问题（虽然他们的脑子里总会想着万物至理的事儿），可是令他们感到困惑和烦恼的是，为了使他们的方程平衡，模型中需要有一种不适合标准模型以及大统一理论的要求的粒子。最后他们才意识到，这种粒子就是引力子，于是乎这一研究话题迅速蹿红。让他们声名鹊起的研究在外人看起来确实很炫目。

要想让弦理论成功，你要付的代价是要引入额外的空间维度，这超越了我们熟悉的三个维度（前后、上下、左右），再加上第四个时间维。奇怪的是，这一想法可以追溯到 20 世纪 20 年代，当时物理学家只知道两种相互作用，即引力和电磁力。在确定存在核相互作用之前，有一段短暂的时间，当时看起来似乎增加第五维就能获得 20 世纪 20 年代的将引力和电磁力统一起来的"万物至理"，但是当人们发现了更多的相互作用后，这一想法就被抛弃了，一直到半个世纪后才被重新拾起来。

这一想法脱胎自爱因斯坦的广义相对论，该理论用四维时空中的扭曲结构来描述引力。1919 年，一名年轻的德国数学家西奥多·克鲁扎（Theodor Kaluza），想知道如果拿爱因斯坦的方程式来描写五维时空的扭曲会是什么样的。他当时没有理由认为这种方程对于现实世界会有什么意义，他只是出于数学上的好奇心探究这一切。没想到，他发现五维版的广义相对论是由两套方程构成的——一套是人们熟悉的广义相对论方程，另一套则是人们更加熟悉的与麦克斯韦电磁方程组完全等同的方程。简而言之，如果引力可以看成是四维时空中的波，电磁则可以看成是五维时空中的波。瑞典物理学家奥斯卡·克莱因（Oskar Klein）进一步发展了这一想法，纳入了量子理论的思想。该模型被称为克鲁札－克莱因模型（the Kaluza-Klein model）。从数学角度讲一切都很完美；唯一的缺憾是日常的世界中不存在第五维度（即第四个空间维）。但是，物理学家使用了一个称作"紧化"（compactification）的小伎俩绕过了这一难题。

　　我们举一个例子，就能很好地理解什么是"紧化"了。一片薄薄的可弯曲的东西，例如橡皮，实际上是一个三维物体，但从远处看上去却像是二维的，因为它的厚度看不出来。为了本例的需要，我们假定它确实是一个二维的薄片。接下来，我们把这张薄片卷成管状，使其边缘连到一起。这个二维的薄片就卷在了第三个维度的外面，而且如果我们从更远的距离看过来，它看起来像一条一维的线。但是这根线上的每个"点"实际上是一个小圆圈，围绕着管子，二维薄片中的涟漪，即使我们无法看到它们，是可以沿着管子向上和向下传播的——这种涟漪是带有能量的，所以它们会影响整个线的行为。薄片的二维中，有一维我们是看不到的，这实在是因为它太小了，但是我们仍然能感受到它的影响。以类似的方式，我们可以想象在最初的克鲁札－克莱因模型中，对于第四维空间可以设想，四维时空中的每个点其实是一个小环，其直径只有 10^{-32} 厘米，绕着第五维弯曲。

　　至少在某些物理学家看来，为了得到一组方程来描述所有已知的相互作用，这似乎是可以接受的代价。在量子的意义上，克鲁札－克莱因模型相对简单，因为它只需要处理两个玻色子——引力子和光子。但是很快有更多的相互作用被发现，它们的行为也更复杂。为了把强、弱相互作用以及它们的所有玻色子包括在内，就需要有更多的维度，以更加复杂的方式缠绕在一起，这在当时实在太多了，超过了人们所能接受的限度。因此，在建立标准模型的时候，克鲁札－克莱因模型只不过是一种新鲜的小玩意儿罢了。但后来长大的那一代数学物理学家对于多维度则较为接受。[1] 而且，20 世纪 80 年代人们便已明了，实现标准模型向万物至理之飞跃必须另觅蹊径。

这一新思想综合了弦理论和额外维理论。其现代的 21 世纪的形式，即我们已经描述过的微小环状的弦的概念，总共缠绕在 26 个维度上。我们惯常所认为是粒子的各种事物（如电子、胶子等）对应于有着不同的振动的弦，其所附带的能量不同，就像吉他的琴弦，振动频率不同对应不同的音符一样。费米子解释起来相对简单，其振动是在 10 个维度上，沿着弦的循环以同样方向振动。其中六个层面是紧化的，以留出我们熟悉的四个维度的时空。然而，玻色子的世界较为丰富，需要在 26 个维度振动，沿着弦的圆环的另一个方向振动。其中的 16 个维度是为了描述丰富多彩的玻色子所必需的，而这些维度都被紧化在一起，成为 10 维的弦"内部"的东西。没有人知道这究竟是什么意思，理论家也在争论这些维度是否是"真的"。但是，从我们的角度看，最要紧的是，玻色子的行为让我们看起来似乎是带有这些额外的维度。其他 10 个维度与费米子的振动所发生的维度相同。其中的 6 个维度紧化，因此弦产生的振动使其表现为在四维时空中的粒子运动。由于该模型需要有两套不同的振动发生在一种弦上，它有时被称为混

---

1. 这种事情在科学领域是司空见惯的。曾几何时，据说世界上能够理解广义相对论的仅仅三人而已。如今，这已成为大学课程。一代人的思想革命，到了下一代已平淡无奇。

杂型弦理论。

对于此，还有一个额外的奇怪之处，这凸显了我们对于"额外"的16个维度的理解尚不完美。所有的粒子实际上可以用16个维度紧化为8个维度来描述，因此这就留出了余地，可以存在一套重复的粒子。没有人完全知道这意味着什么，或者，一些理论家猜测，可能有一个完整的"影子宇宙"是由这些粒子副本构成，它与我们一起分享四维时空，但却不与我们发生相互作用，除非是通过引力。一个影子人可以径直从你身边走过去而不会引起你的注意。但是，我们还是将进一步的猜测留给科幻作家吧。弦理论近年来真正的进展来自重新解释该模型的其他部分，即10维的组成部分。

到目前为止，我们专门谈论了弦理论，好像它是唯一的一个适合我们需求的模型。弦理论的支持者们确实抱着这样乐观的态度，但是在从20世纪80年代中期到90年代中期的十年里，它掩盖了一个尴尬的事实。其实曾经有（现在仍有）5个不同的弦理论模型，它们是弦的主题的变奏，每一种都提供了一个对万物原理稍有不同的解释，但所有这些都涉及6个由振动的弦构成的紧化的维度在四维时空中的运动（加上额外的16种玻色子维度，没有人真正理解这些维度）。你可能猜想，对于物理学家来说，这倒并不是那么令人不安，因为他们能够证明从数学上讲，这些是唯一可能的模型 —— 他们也能够想出其他类型的弦模型的数学版本，但他们可以证明，所有那些模型都受到无法重整的无穷大的困扰，因而没有实际意义。

而且滑稽的是 —— 另外有一种被称作超引力的弦理论，似乎能够解释5种弦模型中的任何一种，但是它却需要有11个维度而非10个。可是，超引力并不是哗众取宠的噱头，后来证明，它只能在11维度起作用这一特性为当时的研究提供了重要线索。

经过20世纪90年代初期许多理论家的巨大努力之后，在1995年美国物理学家爱德华·威滕把所有的弦理论模型整合到一起，增加了一个额外的维度。他表明，弦理论的所有6名候选理论，只不过是一个主模型的不同方面，他把这个主模型称作M理论。在低能量的状态下，电磁和弱相互作用看起来像是不同的东西，但实际上却是单一的电弱相互作用的各自独立的表现形式。与此类似，弦理论的6种候选模型也是单一的M理论的低能量的表现形式，只有当我们能够制造出相当于强相互作用的能量时，才会表现出来。威滕为此不得不付出的代价是为弦理论引入一个额外的维空间。这样，像超引力一样，它们也是在11维时空运行。当你已经有了6个维度，另外一个微小的紧化的维度看起来似乎不像是向前迈进了一大步。但是M理论的这一"新"维度却不一定是微小的维度。它可以非常大，但无法探测，因为它与我们熟悉的三个维度的空间成直角。我们这种生活在三个维度中的动物，是无法理解四维世界的（更不用说十维了！）；[1] 这就像生活在两维世界（就像无限薄的一张纸）的生物不知道存在三维世界一样。

这就改变了我们思考世界机制的方式，我们不再把粒子看作可以检测到的弦的振动，而是必须将其看作振动的薄片或是膜。出于这个原因，虽然爱德华·威滕从来没有明确说过M理论中的M代表什么意

---

1. 乔治·艾博特（George Abbot）的经典作品《平面国》（*Flatland*），以及伊恩·斯图尔特（Ian Stewart）根据其改编的《超平面国》（*Flatterland*）描述了这种情形。

思，许多人却认为它代表的词是"膜"。从更技术的角度上讲，一张两维的薄片被称为双膜，而且一直到多达10维都有对应的结构（尽管很难想象），一般称之为 p 膜，其中 p 可以是任何小于10的整数，一个弦则是"一膜"。

这样一来，我们的整个宇宙可能就是一个嵌入在更高维度里的三膜。这就带来了一个可能性，即可能存在其他的三维宇宙与我们的宇宙平行存在，也是嵌入在更高的维度，但我们完全无法进入。大家可以把这些宇宙看作一本书的页面，这些页面像是一系列两维宇宙，这些宇宙相互之间紧挨着，但是对于生活在其中一个宇宙中的任何二维生物来说，其中的一个页面就是整个的世界。

这种想法完全出于假想，虽然是基于理性思考的合理的假想，但却没有任何能立即检测它们的手段。我们在地球上无法通过任何实验或加速器来检测之。但我们确实有机会获得某种信息，由于M理论的过程产生了非常极端的影响，弦和膜可能留下了某种印记。我们对于自己的宇宙最好的理解表明，它产生于约140亿年前的一个非常高的压力和温度状态，即宇宙大爆炸。现在的天文观测已经达到了极高的精确度，人们可以从粒子理论检测一些关于宇宙大爆炸本身发生了什么的预测。宇宙学和粒子物理学已经结合在一起，变成了天文粒子物理学。因此，探索最小尺度物质的行为的问题，其合乎逻辑的下一步是向外观测太空，看看这非常大的尺度上物质的行为，即宇宙本身的规模，并弄清楚这一切来自哪里。在明确了我们对于物理定律已知为何，以及我们认为自己所知为何之后，现在我们可以应用这种知识来探讨宇宙的传记——这是关于我们如何发展到如今的状态的故事。

第 3 章
宇宙从何而来？

　　我们所依存的宇宙形成于一个称作大爆炸的炽热而密致的火球，这一观点已被广为接受。20世纪20年代和20世纪30年代，天文学家开始发现，我们的银河系仅仅是散布在众多相似星系中一个由群星构成的岛屿，而且这些成群的星系随着宇宙的扩张正彼此渐行渐远。其实，爱因斯坦1916年完成的广义相对论就已预言了这一膨胀宇宙的思想，但是这一观点一直不为人所重视，直到观测发现证明宇宙的确在膨胀，才受到重视。人们刚一开始认真考虑这一想法，数学家们发现，爱因斯坦的方程式精确描述了我们所观测到的膨胀，暗示出如果那些星系随时间的推移逐渐远离，那么它们过去必然更为接近，而且很久以前宇宙中所有物质必然堆集于一个致密的火球中。理论与观测结果相结合使得大爆炸思想变得确凿无疑。20世纪60年代，科学家发现有一种微弱的嘶嘶作响的放射噪声来自空间各个方向，它是宇宙背景辐射，人们认为这是大爆炸本身辐射的残余。这是支持大爆炸理论的最有力证据。正如宇宙的膨胀，背景辐射的存在先于实验观测而被理论预测到了。20世纪末期，理论与观测结果已经确定，从大爆炸至今已历经大约140亿年，而且这个膨胀的宇宙中散布着数以亿计像我们的银河系一样的星系。宇宙学家如今面对的问题是，大爆炸本身是如何发生的 —— 或者，我们也可以这样问：宇宙从何而来？

　　宇宙学家们面对这一问题的起点是他们自己的标准模型，它综合了他们从观测中得知的关于膨胀宇宙的一切情况，以及爱因斯坦广义相对论对空间与时间的理论理解。这一模型的建立来自多方的帮助。首先是因为我们对宇宙深处看得越远，就等于看到了越久远的过去。因为光以恒定的速度传播，因此可以推算出，当我们观测距离数百万光年的星系时，就等于是在看它们几百万年前的情景，因为它们的光是在穿越了几百万年的时空之后才到达我们的望远镜。天文学家们用强大的望远镜能够看到宇宙早年的样子 —— 并且宇宙背景辐射使我们得以窥探（使用射电望远镜）大爆炸火球的最后阶段。

　　假如，我们设想将宇宙膨胀过程倒转回去，那么似乎便存在某个时间点，那时宇宙万物都堆积在一个密度无穷大的称为"奇点"（singularity）的点上。这一宇宙诞生的初步想法是建立在广义相对论之上的，后者认为宇宙确实是"诞生"于一个奇点。然而，正如我们所说，物理学家们对奇点和无穷大的想法并不满意，而且认为任何预测奇点存在于物质宇宙的理论都存在缺陷。广义相对论亦是如此。该理论能够告诉我们，宇宙是怎样像我们知道的那样，从一种**接近**无穷大的密度状态产生出来的。但是它无法告诉我们宇宙创立之初，即大爆炸之时究竟发生了什么。[1] 宇宙标准模型能够告诉我们，这一刻发生于大约140亿年前，并且该模型描述的是大爆炸那一刻之后的所有情况。我们可将这一刻看作广义相对论划分的时间零点，并从该点向后推进，描述宇宙的演进。

---

1. 提到宇宙诞生那一刻，我也使用"大爆炸"这一术语，尽管严格说来，它指的是大爆炸之后片刻的火球阶段。

我们所观测到的宇宙辐射起源，最远可回溯至相当于大爆炸发生后十数万年的时间，那时整个宇宙充满炽热气体（学术上称为等离子体），其温度大约与今天太阳表面相当，有几千摄氏度。那时，整个宇宙只有今天所观测到的宇宙规模的千分之一大小，而且在这炽热物质大旋涡中并不存在像恒星或者星系如此规模的个体。但是，今天在天空不同位置观测到的宇宙背景辐射温度也存在细微差异，并且这些不规则性告诉我们，数量与种类的不规则性也确实存在于火球末期阶段的宇宙中。随着时间推移，背景辐射中观测到不规则性的数量与形式恰恰能说明原始星系与星系团是我们今天所见宇宙结构成长的萌芽。有关这方面的更多内容将在后面的章节里再叙。将时间向前推移，直至广义相对论不再适用那一刻，背景辐射中观测到的不规则形式告知我们宇宙的更早期形式也存在有相对应的不规则性。

这些背景辐射中的不规则性的最突出特点，是它们之间的差异微乎其微。它们小到无法度量，而且辐射似乎完全是均匀地来自空间各个方向。如果辐射是完全均匀的，那么整个标准模型将会土崩瓦解，因为既然大爆炸火球不存在不规则性，那么便不会有星系成长的萌芽，从而我们也不会存在于此。这一令人困惑不已的事实使天文学家们意识到，如果他们能开发出足够灵敏的仪器，必然能测量出背景辐射中存在的不规则性。但是，直到发现背景辐射差不多30年之后的20世纪90年代早期，美国国家航空航天局（NASA，即National Aeronautics and Space Administration 的缩写）的宇宙背景探测器（Cosmic Background Explorer，缩写为COBE）卫星才拥有了足够灵敏的测量手段，观测证实背景辐射中的确存在波动。这一发现所引出的两个重要问题是：为何背景辐射会如此极端地接近均匀状态？以及是什么造成了这些波动？

第一个问题比大家可能意识到的含义还要深刻得多，因为，即便大爆炸后140亿年的今天，宇宙仍是极其接近均匀的。如果你拿像银河系一样的明亮星系与星系间的黑暗空间相对照，这一点或许不太明显，但是放到更大的范围里，这一点便立即显而易见了。宇宙并非百分之百均匀的，但是从星系的分布来看，宇宙也如完美烤制的葡萄干面包条般均匀 —— 没有两片面包上的葡萄干的分布是**完全**相同的，但是每片面包看上去却跟其他面包片一模一样。同样，假如你拿出一张小块天空的星系照片，它看上去很像另一张同等大小但位于天空不同部分的星系照片。宇宙背景辐射甚至更为均匀，从天空各个部分看上去都完全相同，差异不足百分之一。这一观测结果的深刻寓意源于这一事实，即大爆炸之后没有足够时间使宇宙不同部分彼此作用而趋于均匀。

举个极端的例子，天空中某个方向的宇宙背景辐射是经过了140亿年才到达我们的，并且天空中另一方向的背景辐射也经过了140亿年才到达我们，但是两种辐射均具有相同的温度。由于此种辐射（电磁能）仅能以光速运动，而没有什么能比光运动得更快，因而天空的另一面是无法"知道"自己应当处于什么温度才能保证（整体）温度一致的。（宇宙间）似乎存在某种伟大的协同，从而使宇宙火球各处（温度）都很均匀，即便火球不同部分之间无法彼此相互作用。

这种同质性与宇宙的另外一个令人困惑的特性有关，我们称之为"扁平性"。广义相对论告诉我们，空间（严格地说是时空）可以因邻近物质的存在而被弯曲和扭曲。从局部来说，这种因邻近如太阳或者地球等天体而使时空产生的扭曲，造成了我们称为引力的效应。从整个宇宙来说，恒星与星系之间宇宙空间所有物质的综合影响能够在空间中产生出两种渐进的弯曲。

如果宇宙密度大于一定数值（称为临界密度），那么三维空间会发生向内弯曲，像二维球面那样，从而产生一个闭合的表面。其密度超过临界密度多少无关紧要，只要超过即可。这一空间有限但没有边界，正如地球表面。地球表面具有有限的面积，但你可以沿着其任意方向行进而不会达到其边界 —— 你只是围绕着地球表面行进而已。如果宇宙也是如此，那其必然具有有限的体积，然而如果你沿任何方向运动，虽然终将会回到起点，但是你永远不会到达其边界。

另一种可能性是，其密度小于临界密度。同样，宇宙的密度比临界密度小多少无关紧要，只要低于临界值即可。这样，宇宙便是"开放的"，其空间向外弯曲，像马鞍或者是山口的形状，并且保持不变。这样一个宇宙将是无穷大的，你可以沿着一条直线一直行进而不会两次经过相同地点。

恰恰在这两种可能性之间存在一个唯一的特例，即所谓扁平宇宙。这发生于刚好达到临界密度之时，三维空间相当于一张（无限薄的）平坦的纸。

这三种可能性对应着宇宙的 3 种不同的命运。在闭合宇宙中，宇宙一切物质的引力影响将使其逐渐停止膨胀，并使其塌陷而回复到大

爆炸火球状态 [有时称为 " 大收缩 " (the Big Crunch)]。如果宇宙是开放的，便会永远膨胀下去，永无止息。但如果宇宙恰好处在临界密度，它的膨胀速度会越来越慢，[1] 直至遥远未来，宇宙徘徊于一种停止状态，既不膨胀也不塌陷，处于微妙的引力平衡。

到了20世纪最后的25年，我们从观测膨胀宇宙可以清楚地得知，如果设定临界密度为1，那么现实宇宙的密度处于0.1至1.5，与广义相对论推算的唯一特定的密度非常接近。这已经够让人困惑了，因为那时尚没有理由认为宇宙必须以某种密度从大爆炸中产生。但是，宇宙学家们意识到，随着时间推移，宇宙膨胀总是促使宇宙偏离临界密度。闭合宇宙在膨胀中变得 " 更加闭合 "，而开放宇宙在膨胀中变得 " 更加开放 "。今天观测到的密度非常接近1这一事实意味着，大爆炸后仅仅1秒钟，其密度变化一定在10^{15}（一千万亿分之一）以内。即0.999 999 999 999 99和1.000 000 000 000 01之间。对此唯一的解释是，似乎有某种东西决定了宇宙恰好产生于临界密度，而且在今天的这些单元中密度又恰好是1。然而，是什么在宇宙诞生之时促使其趋于如此的均匀与扁平？

我们运用广义相对论方程式可以回溯到宇宙火球阶段，以计算宇宙早期温度与密度。由此我们可以得出，大爆炸后一万分之一（10^{-4}）秒，整个宇宙的密度相当于现在原子核的密度（每立方分米10^{14}克），其温度是10^{12}K（1万亿开）。正如我们在第2章所看到的，原子核已经被研究了近百年了，上述的状态也在粒子加速器中被研究了几十年了。

---

1. 我们稍后会谈到这一点带给我们的一个警示。

物理学家们完全相信，他们了解当宇宙膨胀与冷却时，这种情况下以及所有不太极端情况下通常物质的状况。因此，我们完全相信，我们了解从大爆炸后 10^{-4} 秒开始的通常物质的演化。某些细节俟后讨论。重要的是，宇宙极端均匀与扁平以及产生今天星系团的细微不规则性，或许在那时已经留下了印记，因为这些不规则性没有办法事后再加上去。我们对其尚不如对原子理解得透彻，这意味着我们必须深入到某些加速器实验所探明的温度（能量）与密度情况下，进一步考虑更为久远的过去。我们认为自己已知晓更早时间发生之事，但是这还有待进一步研究。我们的思索越接近大爆炸那一刻，我们越感到疑惑。

最终，广义相对论分崩离析，不再适用。这发生于量子物理统治的领域，进而广义相对论的核心 —— 均匀而连续时空（被比喻为"拉伸的橡胶片"）的理论也崩溃了。根据量子理论，时间与空间本身都量子化了，而且谈论任何小于 10^{-35} 米（"普朗克长度"）的距离或者短于 10^{-43} 秒（"普朗克时间"）的时间，都毫无意义。因此，不应存在奇点（零长度，零时间），我们应当这样来描述整个看得见的宇宙："诞生"时直径 10^{-35} 米，密度每立方分米 10^{94} 克，"年龄" 10^{-43} 秒。在这种环境下谈论更早时间、更短长度或者更大密度毫无意义。

我们设想下一步发生了什么事情时，主要依据的是对大统一理论的探讨。此种理论第2章提到过，它预言：宇宙诞生之时，所有自然力都处于相同水平之上，但是它们迅速分崩离析，赋予宇宙一个剧烈的外向推力，从而使宇宙均匀而扁平，此过程称为暴涨。正是暴涨存留下了可以解释背景辐射不规则性和如今星系群的余波。

自然力彼此分离的过程类似于水结成冰的相变。在相变中，发生变化的系统与整个世界之间发生了能量交换。例如，冰在零度时开始融化，但即便是它被温暖物体包围并且吸收热量，它都始终保持零度。冰吸收的全部能量都用作其融化，而非将其加热。当水凝结成冰时，这一过程正相反。即便周围环境的温度更低，水凝结时仍然保持零度。冰凝结时释放出称为潜热的热量，同样，欲使之融化亦须代之以同样的潜热[1] 水蒸气浓缩成液态水须释放出更多潜热，而且当雨滴形成雷雨云时也通过这一过程释放热量。宇宙极其早期，出现过一种超对流。引力在普朗克时间即 10^{-43} 秒时，而强核力则在 10^{-35} 秒时从其他自然力中分离出来。总体而言，这些形态转换释放出大量能量，从而使宇宙在瞬间呈指数膨胀。完成这一过程只要一瞬间。

我们来打个巧妙的比方。想象一个高悬于冰川山区的湖，四周冰坝壁立。湖中充满深静湖水，不流不溢。用科学术语来说，湖水处于地球引力场局部能量极小状态。然而，这一平静的稳定掩盖了一个事实，即湖水蕴藏着大量引力势能，因而从此种意义来说，这是一个不真实的局部能量最低态。如果湖水可以溢出湖外，便会迅速冲下高山，奔流入海，而海平面才是真正的能量最低态（至少，就地球表面来说如此）。现在，想象气候发生了变化，或者仅仅是由冬至夏的季节性变化。冰坝融化，湖水呈洪流倾泻而下，最终入海，平静如初，但其能量级却更低。物理学家们将宇宙膨胀之前的状态描述为一种真空能量（也可以说是空间能量或时空能量，大家各取所好吧）虚假平衡。这一转换过程释放的"真空能量"促成了宇宙暴涨，宇宙也定格于真

---

1. 潜热：在恒定的温度和压强下某物质改变状态时所吸收或放出的热量，如冰化成水或水变成水蒸气，也作 heat of transformation。——译者注。

正的真空能量最低态。暴涨本身像是湖中洪水从一个能量级冲向另一个能量级，那是两种不同平衡状态之间的一个短暂插曲。

　　就宇宙暴涨来说，这一插曲**极其**短暂。暴涨仅仅持续 10^{-32} 秒，但是在此期间可见宇宙的大小每 10^{-34} 秒成倍膨胀（有的理论提出，其膨胀速度更快，但对于我们的需求这已经足够了）。换言之，在那 10^{-32} 秒钟已经膨胀了至少 100 倍（ 10^2，因为 34 − 32 = 2）。这对于将一个体积相当于质子的 10^{-20} 倍大小的物体的体积膨胀到直径 10 厘米，亦即差不多有柚子那么大。换言之，这等于将一个网球大小的物体在 10^{-32} 秒内膨胀到今天可见宇宙的大小。通过这个比方我们清楚地看到，暴涨的特征之一便是，从某种意义上说，暴涨进行的速度超过了光速。要想通过 1 厘米的空间，甚至光也需 3×10^{-10} 秒的时间，但是暴涨却使宇宙在 10^{-32} 秒内从比原子还小的体积扩张到 10 厘米的球体。这是可能的，因为暴涨时，膨胀的是空间自身——并没有什么东西是以这种速度"穿过"空间。同时这也是宇宙如此均匀的原因。游弋于宇宙暴涨之余威，拜转换过程中耗散能量所赐，我们所见一切均来自一颗小到无法容纳任何不规则性的能量种子，而全凭宇宙膨胀将这一最初均匀性凝固于越发稳定膨胀的"宇宙柚子体"中。

　　膨胀也解释了宇宙为何如此扁平。拉伸的物体（甚至时空）趋向于拉平任何褶皱与曲线。想象一下一颗褶皱的李子干，当它浸入水中后，就膨胀成一个光滑球体。或者，想象一下地球如果膨胀到太阳系大小，对于那时候生活其上的任何人来说，地球表面似乎就显得够平坦了。如果地球真有这么大的话，你就极难分辨出自己是生活在一个球体上。无论宇宙初萌时是闭合的抑或开放的，成百倍以上的暴涨也将驱使其趋于扁平，而我们今天所使用的仪器是不可能测量出其与扁平的偏离值的。

当20世纪80年代早期暴涨理论初次提出之时，这既是其成功之处，也是其尴尬之处。它看上去太完美了。那时，出于我们后面还要提到的原因，天文学家们认为宇宙密度是临界密度的1/10。但是，暴涨预测出宇宙密度应当是无差别地接近扁平状态所必需的临界密度。要么是暴涨理论存在谬误，要么宇宙中还存在更多20世纪80年代天文学家们所不曾考虑到的东西。当时自然而然的第一反应是，暴涨这一新生理论是错误的。然而，21世纪早期，对背景辐射越发细致的研究显示，宇宙真是无差别地接近扁平，因而其密度肯定是无差别地接近临界密度。这一阶段的成果中，以NASA的WMAP卫星和其后不久欧洲航天局（ESA）的"普朗克探测器"（Planck Explorer）的观测为顶峰。这留下一个谜题，"缺失"物质（有时称为"暗物质"，因其从未被看到过）到哪儿去了？对谜题的解析形成了本书第6章的主题。

暴涨理论仍处于不断完善过程中，正如GUTs那样，关于这一主题也有不同的差别变化。但是，暴涨理论总体上是成功的，尤其是它成功地预言：如果能够开发出足够精确之仪器，便能发现宇宙恰恰是扁平的。这告诉我们暴涨理论从根本上具有某些合理性，尽管我们不知道哪个版本的理论（如果目前理论中存在任何这样的候选者的话）最终会成功。这一理论还有其他的成功之处，它告诉我们那些导致星云形成的星系团中的细微不规则性是如何产生的，而且它还暗示了宇宙本身起源的可能方式。这与我们先前碰到的真空量子涨落有关。

　　量子不确定性意味着，从最小的尺度上讲，宇宙不可能是完全均匀与规则的。大约以普朗克长度的规模论，其必然总是存在细微不规则性，它们会忽而出现，而后又消失无踪。这种量子涨落对我们今天日常生活几乎没什么影响，至少在人类身高的尺度上而论如此（尽管它们或许对于理解作用于电子和质子等带电粒子的作用力性质具有重要意义，因而，从这个意义上说，量子涨落与我们的日常生活息息相关）。然而，宇宙学家们认识到，这些涨落肯定在膨胀时便已存在。涨落微萌之时，起自目前整个可见宇宙被暴涨拉伸到大约普朗克长度的1亿倍大小之时，涨落倏忽消失之前，已经形成了遍布宇宙的不规则性网络。那时是在暴涨末期，宇宙规模有柚子大小。这些不规则性将在宇宙中留下印记，并将于火球阶段持续存在，随宇宙膨胀而扩张，直至大爆炸数十万年之后，其时宇宙温度已经冷却至如今太阳表面温度，而且宇宙背景辐射也已遍布宇宙。量子理论精确预言了这一过程产生的不规则的模式，而且，就统计上而言，这种不规则形式恰好既存在于背景辐射中，又存在于最大尺度的星系范围内。这是暴涨理论另一个显著成功之处，它预言了宇宙是极其接近完全均匀的，但也应含有宇宙膨胀时星系赖以成长的那种不规则性。这意味着宇宙最大不规则性（超星系团）源自可能存在的最小不规则性，即真空量子涨落。

　　的确，整个宇宙或许成长自与暴涨和引力的奇特属性有关的真空量子涨落。

　　引力的这一奇特属性就是它会储存**负**能量。当某物（可以说任何物体！）在引力场中向下坠落（像先前描述的湖水冲出高山），能量便被释放出来。这一能量来自引力场。位置较高物体（本例中的湖水）

较位置低的具有更大势能。两个能量级的差异说明湖水携带能量的运动方向。但是，从何可测知其能量级呢？两物体间的引力作用与其距离的平方成反比。因而，当两者无限远时，其作用力是零，因为一除以无穷大是零（更别说无穷大的平方了）。根据爱因斯坦的描述，这等于说某一物体的引力作用于无限大时消失，因为当时空无限大时根本不会因物体质量而扭曲。同样，这也意味着当物体距离引力场的来源无限远时，引力场中物体能量为零。然而，我们已经见识了当物体在引力场中下落时（即朝引力场源靠近时）从引力场中获取能量，进而将其转化为动能（湖水冲下山岗，或者手中倾倒的杯子，或者重力作用中下落的物体）。能量便来自引力场本身。这一（引力）场始于零能量，赋予下落物体能量，因而这一场本身必然只余下负能量。这表面看来是正确的——它不是某种方程式游戏，因为我们无从测量场的零点能量。但是，这与量子波动有何关系呢？

原则上，量子波动的质量（严格而言，是"质能"，记住 $E=mc^2$）是没有限制的，尽管质量越大越不可能发生波动。20世纪70年代早期，美国宇宙学家艾德·泰伦（Ed Tryon）指出[1]，原则上包含整个宇宙质能的量子波动可以产生于虚无，而且尽管此种量子波动极为巨大，但适当环境下此类物质重力场的负重力能量刚好能将其抵消，从而波动的整体能量为零。

那时，这似乎是个毫无意义的数学游戏，因为"显而易见"，任何具有如此强大引力场的量子体是不可能膨胀的，并且一旦出现这种情

---

1. 他本人也承认，这个观点其实源自我提出的一个想法，但是我没有预见到这个想法的含义。

况便会自我毁灭。然而，10年后，这一从多个角度看都是一种反引力的作用的暴涨理论，使得蕴含着足以构造整个宇宙物质之能量的量子涨落得以在引力将其湮灭之前，膨胀至柚子大小并留下些许向外扩张的痕迹。暴涨理论先驱阿兰·古斯（Alan Guth）的说法流行起来，他提出：源于虚无之宇宙是"最大的免费午餐"。巧合的是，引力以能量的形式使物质保持平衡的这种适当环境存在的前提，就包括宇宙应是闭合的，正如我们先前探讨过的那样，当然它也可以无差别地接近扁平。所有这些均与我们所生活的宇宙中得到的观测结果相吻合。

如今，我们已转至纯理论科学探索的范畴，尽管它仍是一种高深莫测的思索。但是，要止步不前已经不可能了，因为这些理论提出这一问题，即如果宇宙确实是如此产生的，那么最初的量子波动来自何方？今天，差不多是有多少宇宙学家就有多少这个问题的答案，或许它们中任何一个都可能是正确的，也可能没有一个是正确的。但是，本着探讨未知事物的精神，以下是我个人偏爱的也是如今最为专家们所关注的假说。

我个人倾向于这一理论（这种理论本身也有许多不同形式），即产生宇宙的量子波动可能发生于我们今天宇宙中任何地方。这并不意味着现在仍有一个柚子般大小剧烈膨胀的火球在时空中向外爆发，因为虽然这一过程可以始于我们的宇宙中（或许肇端于巨星塌缩为黑洞），但是它仍可能暴涨扩张到自身的维度，并使它的所有维度都恰好和我们的宇宙的维度成直角。当然，这种假说暗示，我们的宇宙也曾以这种方式诞生于（或者萌芽于）另一宇宙的时空中，而且宇宙时空无始无终，只是相互作用的宇宙沧海之一粟。甚至有可能是，不用多久，大约100年后的样子，我们便能够有技术能力用这种方式创造宇宙，或者是我们的宇宙是另一宇宙中的智能生物为了某种实验的目的而刻意创造出来的。但如今做这种推测还为时过早。[1]

　　目前，21世纪头十年被炒得最热门的演绎宇宙诞生的理论发端于第2章探讨过的弦与膜理论。此理论的一个分支将我们的宇宙想象为一个具有10个维度的实体，其中差不多有3个空间维和1个时间维压缩缠绕，微小到我们无法直接感知。我们的整个宇宙可能是飘浮在第11个维度上的一层膜，有点像一张二维的纸在三维空间中运动。或许有众多此类膜宇宙共享同一个11维，正如一本三维厚书中可以有很多二维书页。[2]像书中的页面一样，这些宇宙彼此距离非常近。书页间彼此层叠，书页上每一点都彼此接近，同样，在11维中，我们的三维宇宙中每一点都与另一三维宇宙中每一点相邻。邻近的宇宙距离我们或许只有不到1毫米的距离，近得像你内衣与皮肤一样，但位于一个我们无法看到与接触到的方位。实际上，从某种程度说，邻近宇宙甚至比这还要接近，因为它并不仅仅是像包围你的"第二层皮肤"——这幅图景中，**三维**的每个点，包括你**体内**的每个部分，都位于邻近另一宇宙的一点上。

　　理解这一理论的一种方式是回到二维的扁平书页宇宙理论，但是现在要想象这些宇宙中充斥着正方形、三角形等几何形状的生物。这些生物实际上是二维的，不会产生进入"书页之外"三维空间的任何

---

1. 有关这些理论的更多细节，请参阅我的《混沌初开》(In the Beginning，1993) 一书或者李·斯莫林 (Lee Smolin 's) 的《宇宙历程》(The Life of the Cosmos，1997)。
2. 为了更好地理解这一比喻，你必须想象有这样一本书：页数无限多，纸张无限薄。

东西。正方体生物的内脏相当于你三维空间中身体的内脏，而且当三维空间生物戳刺正方体生物时，它便会莫名其妙地感觉疼痛。如果一个三维球体接近这个二维世界并且缓慢穿过它，当球体的一极接触它们所居住的星球时，扁平大陆上的居民们将首先看到一个点。当球体继续向前移动，这个点将成为一个圆圈，直至球体中纬线到达这个星球，然后圆圈逐渐变小，当球体最终从另一端穿出时，便最终从一点中消失。

但是，假如另一个完全扁平的宇宙接近并接触这一"平面国"时会发生什么呢？这两个宇宙互相穿过，要么会彼此相安无事，要么会彼此剧烈作用，那就看你怎么设定描述它们的方程式了。如果我们将这一设想扩大到运动于11维中的三维宇宙（增加1个时间维和数个紧化的维度），而且如果我们将不同的参数加入我们探索万物至理所得到的方程之上，我们便会发现，当两个空虚而不活跃的宇宙这样碰撞时，便会借助于膨胀而引发量子爆发，产生出我们这样的宇宙。情况或许还会更为复杂（因而更为有趣），因为这两个宇宙不必完全是扁平的——想象一下两页揉皱的纸被粗粗地平展开来后彼此接近，你便会看到纸面的不同点在两个世界发生大规模接触之前就会彼此接触。自然，两个宇宙的时空不是必须像我们描述的那样扁平。它们可以是弯曲的，像球体表面，或者油炸圈的形状，或者其他有趣形状。所有这些都为M理论家们提供了许多关于我们生活的宇宙起源问题的发挥空间。除非有理由（如果有的话）相信此类理论之一有些许现实性，否则在专家圈子之外讨论这一话题意义不大。但是，这其中最简单的理论之一确实为我们的思考提供了素材，而且也表明，有关"大爆炸前"发生之事，确乎有值得一谈的地方。

在M理论的许多版本中，自然界4种作用力中，只有引力延及宇宙之外，进入到第7维度。从物理学角度来说，这些想法颇受追捧，因为它们能解释引力为何较其他作用力弱许多——那是因为，从某种程度说，引力的许多作用效果从我们的三维空间中逸出了。我们可以用一个悬浮于水槽中的二维金属盘来做一个不精确但有用的比拟。假如你用锤子敲击盘子，声波会从盘中传递出去，但是某些能量会以穿过第三维进入水中的声波的形式逸出。因而盘中的能量便会减少。

根据某些M理论模型，假如两个真空的三维宇宙飘浮在第7维度中，彼此相互接近，它们便会被引力拉近而相撞。这便会引发如大爆炸般的事件，然而能量的释放将使得两个宇宙彼此弹开并且在第7维度中彼此飘移。它们在第7维度飘移过程中，每个宇宙将在各自的三维中扩张，其物质扩散得更为稀薄直至与碰撞前的状态相同。但是，最终引力将克服这种飘移并将其重新拉近，引发另一次大爆炸和反弹，如此这般，循环往复无穷期也。这一理论有时被称为火劫宇宙模型（ekpyrotic），将在第10章深入探讨。

正如宇宙学家们为理解大爆炸的出处所探讨的众多理论一样，这些理论意味着我们的宇宙并非唯一的，而且我们的大爆炸也非绝无仅有。但是，从某种意义而言，我们的大爆炸却可能有自身的独特之处。在某种意义上，我们周围可能存在着数量无限的宇宙，而且还可能存在时间上或前或后数量无限的大爆炸。但是它们不大可能都是同样的。某些宇宙或许只是在大爆炸后再次塌缩前膨胀了一点而已。某些则扩张得过于迅速，其物质被拉伸得过于稀薄而无法形成星系、恒星和人类。有可能在其他宇宙中自然力与我们的宇宙中的并不相同，因而核反应过程更快或更慢，从而导致构成我们身体的那种复杂分子无论如何都无法形成。

　　我们的宇宙从很多方面来说都"恰好"适合生命的产生与演化，人们已经为这一事实困惑了许久。有人也曾提出，宇宙是专为生命而设，这一想法也许有些可信度，因为我们的宇宙可能是其他宇宙所做的实验（但是，为何我们的宇宙一切都那么合适，会出现智能生命呢？）。但是，另一些人则提出，在数量无限的宇宙中，自然规律与自然力的每一种可能的结合很可能存在于某时某处。这些宇宙的无限组合中的大部分将是毫无生机的，因为它们并不具备生命存在所要求的复杂环境。然而，仅仅是出于偶然，某些宇宙确实恰好适合生命存在，正如嫦娥碰巧吃了飞仙灵药，虽然这药本来可不是为她特意准备的。像我们这样的生命形式只有在适合生命存在的宇宙中方能存在，因此我们发现自己的宇宙如此适合（生命存在）便不足为奇了。这一切，部分是源于其无限性，即可供选择的宇宙数目的无限多，尽管我们这类宇宙极其稀少，但是对于无限多而言，即便是一个小零头也是无限多的，这使我们的确有点特殊，但并没真的特殊到哪儿去。如果这些理论是正确的，那必然存在数目无限多的类似宇宙，那里存活着与我们类似的生命形式。这种差别有些像专职裁缝给你做的衣服与成衣之间的差别。假如有无限多种可能的形状与规格的服装可供选择，那就没必要再费事去做了，因为必然有一套合适的在等着你，就像嫦娥的飞仙灵药。

　　另一方面，事实是我们所居住的宇宙具有确定而熟知的物理定律以及 4 种自然力，人们对其特性已精研既久。暂且不提对大爆炸前究竟发生过何事的争论，我们了解初生后瞬间膨胀至柚子大小的宇宙，这一宇宙扰动着量子不规则性，灼热异常，并且迅速膨胀着，但重力也开始使膨胀减慢下来。下一个问题是，早期宇宙是如何从那个火球发展而来的？

第 4 章
早期宇宙是如何演进的？

　　推动暴涨发生的过程或许正是致使今天宇宙中的恒星、行星和人类自身诞生的原因。大部分普通物质是以质子和中子（统称为重子）的形式存在的，而它们自身也是由夸克构成的。如今，其他普通物质的重要组成部分是由电子和中微子占主导的轻子家族。然而，由于重子占我们今天可见宇宙中物质的绝大部分，因此普通的物质都被称为重（子）物质。我们的宇宙萌发自一个极端灼热、极端质密，纯粹由能量构成的火球。如今的问题是，当宇宙膨胀或收缩时，这个火球是如何产生了我们周围随处可见的重物质的？或者，我们也可以这么问：夸克和轻子从何而来？我们以为自己知道答案，但是正如历史上的无数事例一样，我们回溯的时间越久远对其阐释便越费思量。就宇宙而言，需要更多考虑能量的作用。

　　与此有关的不同程度的推测都可用早期宇宙不同时期的能量密度来衡量，根据广义相对论方程，将宇宙的膨胀回溯到过去的每个阶段进行计算，辅以多年来在粒子加速器中所获得的不同代的能量密度（或每个粒子的平均能量）。通常，这些能量是可以用电子伏（eV）来度量的，我们更要牢记 1 个质子的质量只有不到 1 吉电子伏（10 亿电子伏），相当于 1.7×10^{-27} 千克。我们还可以将宇宙不同时期的密度与水的密度（即每立方厘米1克）进行比较。

　　本章的末尾，大约可以选择大爆炸之后数十万年的时间点，那时宇宙已冷却到现在太阳的表面温度以下（大约6000K，或者仅仅半个电子伏），而且如今探测到的宇宙微波背景辐射也刚开始散布到宇宙。[1]那时，宇宙的密度仅为水的10^{-19}（一千亿亿分之一），我们对这种情况下物质的状态也有确切的理解。自然，那时地球或者其他行星还远未存在，也没有"日""周"或者"年"，但如果仅仅将这些时间单位的概念当作时间的量度，每一单位都代表特定的秒数，我们可以肯定地说，大爆炸后一年，宇宙的温度是200万K，尽管其密度尚不足水的十亿分之一。大爆炸后一星期，整个宇宙的温度为1700万K，比今天太阳核心的温度大约高1/10。尽管其密度仅为水的一百万分之一，但火球中的压强是今天地球表面气压的10亿倍有余。

　　下一个里程碑的状况与我们在20世纪30年代初建立的第一个回旋加速器中探测到的情况类似。大爆炸后200秒（大约3分钟），宇宙中每个粒子的平均能量是80 000电子伏，温度大约相当于不到10亿K。我们已就处于此种能量状态下的粒子至少进行了70多年的实验，确信自己充分了解了那时粒子间的相互作用——而且，对更早时期的情况也有所了解。大爆炸后1秒，宇宙的温度约为100亿K（差不多100万电子伏），其整个状态正如今天超新星的中心。物质密度是水密度的50万倍，压强是今天地球大气压的10^{21}倍。我们能够了解的宇宙初始的最后一个能与如今的物质相联系的里程碑是在大

1.开氏温标与摄氏温标的度量单位跨度是一样的，但是开氏温标始于绝对零度，即−273℃。注意其缩写为K，不是°K。因此，273K相当于0℃，以此类推。

爆炸（时间零点）10^{-4}秒（一万分之一秒）后，当时宇宙的密度大体相当于现在原子核的密度，温度大约是1万亿K（10^{12}K，或大约90兆电子伏）。这种状况早已为人们所熟知，并已持续很长时间，宇宙的历程便是自此而始，标准大爆炸模型于20世纪60年代末也得以充分确立。

即便在此之前，20世纪50年代和60年代运行的粒子加速器能量已达到几个吉电子伏，对应的温度（如果在如此高能量下，温度这一概念还有此意义的话）超过30×10^{12}K[①]。宇宙中此种状态在时间零点之后存在了大约3×10^{-8}秒（300亿分之1秒）。20世纪80年代，费米实验室的核电子伏加速器达到了1万亿电子伏，制造出了宇宙年龄只有2×10^{-13}秒的那一刻的状态。这样的加速器为第1章所述粒子物理理论的发展提供了实验支持。理论学家甚至可以利用大统一理论、超对称理论和膜理论对宇宙起源问题做出进一步推测，这些理论使他们能够猜测宇宙中10^{-13}秒之前发生了什么。紧接着的下一步工作，是目前在靠近日内瓦的欧洲原子核研究委员会的大型强子对撞机（LHC）上正在进行的对地球上那些理论的检验。如果一切顺利，它将达到超过7万亿电子伏的能量，探索时间零点后10^{-15}秒的宇宙状况。但是，从那时起前溯至大爆炸后10^{-39}秒，仍有一段巨大而难测的空缺。但是，我们以为我们至少是大致了解当时的状况。而且，如果我们意欲知晓重物质从何而来，那便是我们必须着手并且继续研究的时间点。

如果模型是正确的，那么根据大统一及其有关的X玻色子理论，

---

①.相比之下，恒星中心温度对应的能量尚不到1/10个吉电子伏（10亿电子伏）。

宇宙历程起于质子衰变之时：时间零点后 10^{-39} 秒，每个粒子的平均能量大约 10^{16} 吉电子伏，并且其温度是 10^{29} K。其密度为水的 10^{84} 倍，相当于将 10^{12}（1万亿）个像太阳那样的恒星塞进一个质子大小的体积中。正是在那种条件下产生出 X 玻色子。

我们先前曾言及从能量可以产生出虚拟粒子，我们当时略过了这一过程的一个重要特征。粒子的一些重要属性，如电荷，在宇宙中似乎能够保持守恒。总体而言，电荷不可能在任何实验中产生或者消除，因此，据我们所知，宇宙中的电荷数量总数正好相等（碰巧是零）。因而，如果想通过能量产生1个负电荷粒子，如电子，你必须也造出1个正电荷粒子，以保持均衡。在此，电子所对应的正电荷粒子称为正电子，而且它与电子质量相等，只不过带1个单位的正电荷。所以，假如我们谈到环绕某个电荷的虚拟粒子云，正确的理解是正－负电子对偶子环绕着电荷而非电子。

当然，也不仅仅是电荷有此与众不同的特性。正如我们在第1章提到过的那样，量子还具有类似的其他属性，宇宙中每个变化的粒子都被认为具有1个含相反属性的"反粒子"对应体。这并不意味着每个粒子都有1个反粒子对偶子，而是原则上可能有1个此类反粒子存在，如果拥有能产生此种必需的粒子－反粒子能量的话。1个能量充足的光子（带有超过2个电子的剩余能量）能够将其自身转变为**对偶**粒子，1个电子或者1个正电子。但是，如果1个正电子遇到1个电子，2个粒子便瞬间消失于1个高能光量子中——伽马射线——它们相反的量子属性相互抵消了。

相同的过程影响所有粒子。纯能量能产生出这些物质－反物质对偶子，但是当粒子和反粒子对偶子相遇时，它们相互融合并再次释放出能量。粒子甚至不必携带电荷 —— 例如，中子也有反物质对应体。[1]不过，物质与反物质实体如果携带电荷的话，那么电荷便是区分它们最明显和最方便的标志。

宇宙是以纯能量的形式诞生的。但是，那一能量立即便开始产生粒子－反粒子对偶子，而且粒子－反粒子对偶子开始相互融合，再次产生能量。随着宇宙膨胀与冷却，宇宙中每个微小体积中含有的能量减少了，当能量密度下降后便不可能再产生大质量粒子。最终，能量密度（相当于温度）将降到甚至无法产生电子。假如上述过程完全是可逆的，正如地球上所有实验显示的那样，当足够致密宇宙中的粒子经常发生碰撞时，其结果便是会产生出1个含有相同数量物质与反物质粒子全新的宇宙。每个电子将有1个正电子，每个夸克亦然。每个粒子将遇到1个反粒子对偶子并与其融合。至宇宙诞生十几万年之时，所有物质都可以将其自身转变回辐射，但此时其温度已太低，产生不出更多的任何粒子对偶子了。宇宙中便不存在物质了。那么，构成我们的物质来自何处？所有构成可见宇宙中恒星和星系的物质又来自何处？

唯一可能的答案是，在宇宙历程早期条件下，上述过程并非是完全对称的。第一个完全赞赏此种理论并将其蕴含的深刻意义简单阐述出来的人是苏联物理学家安德烈·萨哈洛夫（Andrei Sakharov），他在

---

1. 当然，中子由夸克构成，而反中子由反夸克构成。但是，确实存在具有反物质对应体的真正中性量子粒子。

20世纪60年代发表了这种观点。

　　萨哈洛夫理论的立足点是20世纪60年代初期震惊粒子物理学界的实验发现。它与称为"CP对称性"的量子粒子属性有关，其到底为何如此得名，我们在此就不再赘述其历史原委了。描述CP对称性最简单的方法是想象一种量子粒子的相互作用，然后想象将每个粒子都换成其对偶子，并将整个作用过程都放映在镜像中。根据CP对称性理论，其镜像将与显示世界中的作用完全一致。然而，在一系列开始于1963年对称为K介子的衰变粒子的长期实验中，普林斯顿大学的詹姆斯·克罗宁（James Cronin）和瓦尔·费奇（Val Fitch）发现大约有千分之二的衰变不遵循CP对称性。这些衰变仅与弱相互作用有关，但它们也表明被奉为圭臬的粒子-反粒子相互作用中的对称性原则也并非宇宙的铁律。受到这一发现鼓舞的萨哈洛夫在1967年提出，必然存在涉及强相互作用和重子有关的过程，这一过程也违背粒子-反粒子相互作用。如果是这样，他便能勾勒出早期宇宙中重子物质产生的方式。在2004年，所有这些观念都得到确凿佐证，当时美国斯坦福线性加速器中心进行的BABAR实验测量出成为B介子的粒子衰减过程及其反粒子对应体。从统计学角度来说，如果影响物质与反物质的基本作用的方式没有什么不同，那么两种粒子将会以同样的方式衰变。但是，通过筛选2亿对B和反B介子的衰变记录，研究人员发现，有910多次的B介子衰变为K介子和π介子，但只有696次反B衰变是以同样的方式进行的。在本来的K介子的实验，在1000份中仅有2例，0.2%的时间里，显示出了CP破缺；新的实验表明这种概率是13%（因为总共有1606次衰变，两种衰减模式之间的差异是214；214除以606，得出的比例是

13.3％）。[1] 这是迄今最强大的证据说明萨哈罗夫关于大爆炸是如何产生的想法是正确的。

事后看来，他的观点看起来竟然这么简单，几乎是一个同义反复。但是，要想想到这一点，需要一种完全不同的思维方式，这在20世纪60年代末没有任何其他人对宇宙有这样的想象力。萨哈罗夫说，首先，必须有某种过程能在远远大于地球上的加速器实验所取得的能量的状态下运行（这就是为什么我们从来没有见过它们），由能量产生出重子（而不是反重子）。其次，这些程序中至少有一些必须违反CP对称性。如若不然，将会有反过程产生同样数量的反重子，以抵消第一个进程所产生的重子。再次，宇宙不会处于一个平衡状态（这样所有时间都会处在相同温度下），不然的话，反向进程将会把物质变回到辐射，与辐射变成物质的速度一样快；这意味着，宇宙必须冷却，而这又意味着它必须是膨胀的。正是宇宙的膨胀使物质能够从能量"冻结"产生，前提是要存在某种不平衡，产生的重子比反重子更多。

当时没有多少人留意萨哈罗夫的观念，因为那时还没有详细的理论框架和实验支持它。但是随着我们在第1章和第2章描述的模型在20世纪70年代被提出，这一观点再次在大统一理论的背景下浮现出来，特别是涉及X玻色子的过程，因为它暗示了质子衰变的可能性。质子衰变涉及宇宙中重子的消失，将物质粒子转换成能量。将这一情况倒推回去，大家会看到宇宙中重子从能量中产生出来。

---

1. 值得指出的是，仅仅是BABAR实验自身，作为斯坦福线性加速器中心一部分的研究，就已经涉及了约600名科学家和工程师，他们分别来自加拿大、中国、法国、德国、意大利、荷兰、挪威、俄罗斯、英国和美国。我们无需再历数下去了，但这一点足以说明，科学现在是团队的游戏，不再是纯个人的追求。

　　从两个证据中，我们能够知道宇宙中有多少原始能量变成重子。第一个证据是简单比较一下我们可以看到的恒星及星系所包含的物质的量与背景辐射的强度。背景辐射均匀地布满空间，这可以表示为辐射密度，可以用每立方厘米的光子的数量来描述，当然也可以用您所选择的任何其他量化方式来描述。宇宙中的重子物质的分布并不一致，但是仍可以采取在空间选取一个区域，观测其中星系的数量，将典型恒星的质量，乘以典型星系中的恒星数目，这样来转换成在均匀分布的情况下宇宙的重子密度。我们将在下一章看到，实际情况比这要复杂一点，因为星系中还有一个可衡量的暗重子的量，但无论如何基本原则是直截了当的。另一种方法，取决于我们对大爆炸后期质子和中子被"烹饪"出来的方式的了解，我们将在本章对此进行进一步的探讨。令人高兴的是，这两种办法给我们的答案是同样的，这一答案有时被称为"重子对光子的比例"——目前的宇宙中，每一个重子对应10亿（10^9）个光子。[1] 这一数值衡量了涉及X玻色子衰变过程的偏差，其比例为1：10亿。所有的大统一理论都预测会存在这种对称偏离（即"对称性破缺"），但一些的预测值较大，一些的预测值较小。宇宙学和粒子物理学联姻后第一个成功的案例，是消除了所有对重子对光子的比例预测不够准确的大统一理论；具体说来，这个数目确切的大小特别青睐包含超对称性的模型。

　　这是所需要的最后一条证据，以解释我们今天看到的物质如何能在宇宙大爆炸的能量中产生出来。它始于我们**以为**我们知道的东西——X玻色子的衰变——终结于我们确信我们**知道**的东西——

---

1. 当然，所有这些数字都是近似值。如果更精确的研究表明，这一比例比这稍稍高一些或是低一些，没有人会过于担心。

在宇宙大爆炸的最后阶段，即大爆炸发生后几分钟，氢原子核的聚变产生氦核。

在大爆炸的第一瞬间，X和反X粒子不断以通常的方式自纯能量产生，然后几乎立即开始相互作用，彼此湮灭变回能量。但是，X粒子的质量是10^{15}吉电子伏，宇宙诞生后10^{-35}秒后，宇宙的温度已经低于X和反X粒子可以产生的阈值。在那个时候，仍然有许多这样的粒子对，但是对于每个X粒子，附近都有1个反X粒子。如果所有幸存的X和反X粒子都碰到了对偶子，就会相互湮灭，那样大爆炸就不会留下任何的重子，也就无法形成恒星、行星和人类。但是，大统一理论告诉我们，拜CP破缺和宇宙膨胀所赐，X玻色子确实能以正确的方式衰变，留下一些夸克和轻子。实际上，因为X玻色子的质量很大，即使只有1个单一的X粒子，也会衰变为一大堆夸克和轻子。但为了把事情说得简单明白，我们这里只是来描述一下基本进程。

1个X粒子可以遵循两种衰变路径。沿着其中一条路径，产生夸克和反夸克对，它们彼此湮灭，并没有什么有趣的事情发生。沿着另外一条路径，产生的这对粒子包括1个反夸克和1个轻子，两者会分道扬镳。但这不是故事的结局。反X粒子也会衰变，同样是沿着相应的两个路径中的一个。它们可能产生夸克和反夸克对，这已无需多说；或是产生由1个夸克和1个反轻子组成的对——这时与X衰变的产物相反。再次拜宇宙膨胀和冷却所赐，所有这些衰变的最终产品到了宇宙变得过冷无法产生新的X粒子时，都会保留下来。此时，萨哈罗夫认为宇宙处于非平衡状态的关键洞见就具有了特别的意义。

因为如果这一切都是如上所述发生的，当所有X粒子都已经用完了，X衰变产生的粒子将会与反X衰减产生的反粒子相遇，反之亦然，所以所有的物质会再次转换成能量。但是，CP破缺告诉我们，物质和反物质的行为并不总是相同的。特别是，根据观测CP破缺建立的模型告诉我们，当所有的X和反X粒子衰变后，剩下的物质比反物质多一点（十亿分之一）。所以，当所有的物质和反物质对已全部湮灭，充满了辐射的宇宙中仍然会有微量的物质留下来 —— 如果我们选择的模型恰当，刚刚够用来解释观察到的重子和光子的比例。粒子物理学将一个重大的希望放在了大型强子对撞机及其相关的实验上，其中包括反物质实验，它们也许可以进一步检验这些想法。但是，我们已经有了足够的信息来讲述下一阶段宇宙故事的发展，即将夸克变成氢和氦。

到X粒子已经衰变后，大约是宇宙诞生后 10^{-35} 秒后，一些强力，如引力，已成为一个独立的实体。但是在宇宙仍然存在的高能量中，电磁和弱相互作用还没有任何区别。粒子的行为是由3个相互作用（强力、电弱力和引力）控制的，而且我们知道的作为弱相互作用载体的粒子，即W和Z粒子，可以自由地漫游宇宙。夸克（事实上是轻子）仍然可以从由能量产生的粒子和反粒子对中产生，但是从现在开始，X衰变留下的粒子中，物质总会稍稍超过反物质。单个的夸克无法从那时保存到今天，但是如果这些"原始"夸克碰巧遇到了一个"新"的反夸克并湮灭，这就会使它原有的反夸克配偶子获得自由，这一过程会随着宇宙的膨胀而代代发生。

夸克是在宇宙产生 10^{-10} 秒后产生的，那时宇宙的温度下降到低于100吉电子伏，这是产生成对的W和Z粒子的门槛。从那个时候起，W和Z粒子接过了进行粒子间弱相互作用的任务，而且也不会独立存在，除非是指它们产生的地方（短暂的），即在高能量状态下粒子间相互碰撞时，无论是自然的状态还是在粒子加速器中。到现在，自然的力量已经具有了我们所熟悉的4种角色，即四个不同的力，电磁从弱相互作用中分离了出来。宇宙下一阶段的发展是大量炽热的夸克相互作用，这一状态被称为夸克等离子体。一些最新的加速器实验刚刚开始探索宇宙在诞生10^{-10}秒到10^{-4}秒之间后的状态，该实验不只是粉碎个别粒子，而是通过使用含有像金、铅等重元素的原子核束进行对撞。不过到目前为止，关于夸克等离子体的行为我们仍所知甚少；但是很显然，宇宙诞生后约10^{-6}和10^{-3}秒之间（也就是说，当宇宙还只有1微秒到1毫秒之间），其温度降到了夸克不再有足够的能量自由漫游的程度，而且是成对或三个约束在一起，就像它们现在这样。宇宙诞生大约1微秒后，可用能量低于几百兆电子伏，夸克和反夸克凝聚成为重子和反重子。总体上我们可以说，夸克等离子体阶段在宇宙起源10^{-4}秒后就结束了，毫无疑问，当宇宙年龄在1毫秒的时候，所有的自由夸克已经消失。物质仍然稍微超过反物质，这是X粒子衰变的遗产，但现在则表现为质子超过反质子，中子超过反中子，这一现象一直延续到宇宙进入到新的时代，重子成了物质重要的构成粒子。大多数的重子都和它们的反物质相遇而湮灭了，产生了大量的光子，至今仍然充满了整个宇宙；其余的重子则开始了最终导致我们存在的进程，我们可以称之为宇宙存在的重子阶段。

此刻值得暂停在这里，思考一下所涉及的时间尺度。当我们随随便便地谈及10^{-10}和10^{-35}等数字，自然的反应就是把它们看作极其微小的数字。但是 10^{-10} 比 10^{-35} 要大 10^{25}（即 10 亿亿亿）倍。在这个意义上，暴涨时期距离夸克等离子体时期，就像我们距离夸克等离子体时期一样遥远，只不过在时间的两个方向上。这就是为什么我们只是以为自己知道那时发生了什么。但是我们终于准备好重新拾起开头的故事，讲一讲从宇宙密度下降到了现如今原子的密度这一刻的故事，我们对这一阶段发生了什么事情了解得很确切。

在此之前，直到宇宙诞生约万分之一秒后，质子和中子并不是宇宙火球中唯一的重子。较重的、不稳定的重子仍然可以在相互湮灭之前由能量制造出来（以粒子和反粒子对的形式）。但是，随着温度下降，就无法再制造出更多的这些较重的重子，剩下的则或是相互湮灭，或是衰变，最终变成质子和中子。质子和中子对产生的阈值温度约为 10^{13} K，宇宙密度达到原子密度的时候，宇宙温度已下降到约 10^{12} K，距宇宙诞生已经有了 10^{-4} 秒。但是，当时仍有大量的能量，可以产生轻得多的电子和正电子，所以大家应该想象有一个火球，具有核密度，但主要由光子和电子−正电子对组成，每 10 亿个光子对应有大约 1 个质子或中子（电子与正电子之比与此类似）。在这个阶段，中子数与质子数大致相同，这主要是由于涉及中微子的反应造成的。在温度高于 10^{10} K（100 亿度），1 个中微子撞击中子可以将其转换成 1 个质子加 1 个电子，而电子撞击质子会将其转换成 1 个中子和 1 个中微子，而且这两个反应进行得都很平滑。但是，随着温度降到 100 亿度以下，这发生在宇宙刚刚开始 1 秒钟的时候，中子比质子略重（千分之一）这一事实开始变得很重要。随着能量越来越少，当电子撞击质子后，越来越难以弥补质量差异，所以从质子产生中子的反应变得不那么有效了，比不上中子产生质子的过程，因为后一种反应无须加入额外的能量。宇宙开始后1/10秒，中子和质子的比例下降到了2：3；宇宙开始后1秒钟，中子的数目进一步降低，因此，重子只有1/4的质量是以中子的形式存在的——换句话说，每1个中子对应3个质子。中子本来可能会完全消失，但当温度在1兆电子伏时，只能通过弱相互作用起效的中微子的影响变得不那么有效了。

不要忘了，宇宙诞生后1秒钟，当温度大约是10亿度时，整个宇宙中的状况类似于现在爆炸的超新星核心。在超新星内部极大的压力、密度和温度的条件下，中微子仍然与重子产生强烈的相互作用。但是，像太阳这样的普通恒星核心的粒子相互作用产生的中微子，却能比光线穿越明亮的窗玻璃更容易地穿越恒星。从宇宙开始后大约1秒钟时，中微子基本上停止了与质子和中子相互作用，除了发生偶尔、罕见的碰撞。当宇宙的密度低于水的密度约40万倍时，对于中微子就成了透明的，可以随意穿越的空间，而中微子则和普通物质"脱钩"（decoupled）了。但中微子仍存在——每立方米的空间中估计有10亿个左右，或每立方厘米中有数百个——而且我们将看到，它们可能仍然以其他的方式显示出重要性。

即使在宇宙的年龄为1秒钟后，涉及高于平均水平的能量的电子的偶然相互作用仍然能够使质子产生中子，不过这种相互作用的数量迅速下降。宇宙诞生后13.8秒，温度下降到了30亿度，17％的重子仍以中子的形式存在。这一时刻在宇宙的发展中非常重要，因为在30亿K的状态下，已不再有足够的能量产生电子和正电子对，此后剩下的那些则逐渐相互湮灭，留下了原子最终来自CP对称性破缺的电子的痕迹，与质子的数量正好取得平衡，宇宙中每1个电子都对应1个质子（从这个意义上讲，中子可以看作1个质子和1个电子的组合，是由涉及中微子的相互作用产生的）。由于不再沐浴在高能电子和正电子的海洋中，余下的质子和中子基本上就各干各的了。

我们已经看到，留下的质子非常稳定而长寿。但是孤独的中子却是不稳定的，会衰变成1个质子，1个电子和1个反中微子，半衰期为10.3分钟。这意味着，虽然一开始有许多中子，但是经过10.3分钟，其中的一半将以这种方式衰变；每100秒，大约10%的自由中子会衰变。但宇宙的年龄在10.3分钟之前很久，剩余的中子已经安全地锁在了原子核中，它们在那里很稳定，不会衰变。

除了质子本身（它可被视为氢原子的核），最简单的原子核是氘，由1个质子和1个中子由强力结合在一起。此时，宇宙年龄不到半分钟，这种原子核开始短暂形成，但很快就因碰撞而撞击分离。氘核的约束能量只有2.2兆电子伏，这意味着与任何另1个携带同样能量的粒子（质子，中子，甚至是适当的高能光子）的碰撞都能打破它，将其拆开。到宇宙年龄为100秒的时候，中子的比例已下降到约14%——每7个质子才有1个中子留下来。但是，在这个时候宇宙的温度低于10亿度（略低于现在太阳核心温度的100倍），对应的粒子能量为只有约0.1兆电子伏。此时粒子碰撞已不再有足够的能量打破氘核，任何与质子以这种方式结合在一起的中子都能免于衰变。

这个被称为核合成的这个过程，并不止于此。由于撞击的能量下降，氘核本身参与了与中子、质子和其他氘核的进一步相互作用，产生了稍重的原子核。增加1个额外的中子就变成了氚核（2个中子和1

个质子），而更稳定的原子核是由 2 个质子加上 1 个中子构成（氦 3）或是 2 个质子和 2 个中子构成（氦 4）。其中最稳定的原子核是氦 4，其原子核的约束力的能量是 28 兆电子伏，原子核中每个重子的力为 7 兆电子伏。由于它非常稳定，几乎所有可用的中子很快被锁定在氦 4 原子核中，当然也有微量的留下来形成了氘、氚、氦 3 以及略重的锂 7 等原子核。锂 7 包含 3 个质子和 4 个中子，从根本上说就是一个氦 4 核和 1 个氚核黏着一起形成的。但是，大爆炸没有制造重元素，因为宇宙的温度很快就降到了原子核可以以更复杂的方式结合在一起的点 —— 因为原子核和质子都带有正电荷，而由于同性相斥，这就需要一定的能量才能将它们压缩得足够紧密，使更强大但作用距离更短的强力起作用，将它们凝聚在一起。宇宙的年龄到了几百秒的时候，已经没有足够的能量克服这一电荷的障碍。

当所有这一切发生的时候，宇宙中每 1 个中子对应 7 个质子，即每 8 个重子中有 1 个是中子。由于每个氦 4 核包括相同数量的质子和中子，这意味着每 1 个中子上锁定了 1 个质子，因此，整体上讲，8 个重子中有 2 个，或重子总数 1/4 的里面，都锁定在了氦 4 中，有 3/4 的重子是作为自由质子，形成了氢原子核，除了我们已经提到的剩余很少部分，这些加起来只有 1/100 的一小部分。由于质子和中子的质量大致相同，这意味着在大爆炸所产生的重子中，有 1/4 是以氦的形式，3/4 的是以氢的形式存在。当这一活动的大部分完成的时候，宇宙的年龄是 4 分钟；当宇宙的年龄达到了成熟的 13 分钟时，核合成就完全结束了。只不过那个时候仍然还没有原子，只有自由的原子核和自由运动的电子，在仍具有高能量的辐射（以地面的标准而言）的辐射海洋中运动。接下来的数十万年中没有发生什么大事，只不过由辐射主导的宇宙继续膨胀和冷却。

在这个时候宇宙真的是被辐射主导。核合成开始的时候，即宇宙诞生0.1秒后，宇宙的密度为水的密度的500万到1000万倍之间。但是，由重子贡献的密度的那一小部分，只相当于水的密度的约1.5倍。几乎所有剩下的密度都是来自能量辐射——如果你喜欢，也可以说是光子的密度，即$m=E/c^2$。现在，尽管物质已经摊得非常稀薄，宇宙的动能主要是受物质的影响，[1] 辐射也已减弱到微波背景辐射，其温度仅有2.73K。核合成之后，从密度的方面讲，宇宙发展的下一个重要里程碑是辐射变得不如物质那么重要的时候。这发生在宇宙诞生几十万年后，这也有赖于当物质和辐射压缩或膨胀时，其行为方式的一个关键区别。

密度是衡量一定体积内物质的量的单位。在扁平的三维宇宙中，空间的体积与其直线长度的立方成正比。一个区域的半径如果是另一区域的2倍，则其体积是另一区域的8倍（2^3）。所以，当今天所观测的宇宙的半径只相当于目前线性大小的一半时，所有的星系彼此间只有目前一半的距离，宇宙的体积是目前的1/8，物质密度是现在密度的8倍。但是，辐射密度所依据的规则略有不同。如果你想象一个充满辐射的盒子，将盒子每个边的边长加倍，体积增加8倍，辐射密度也下降8倍。但是，与此同时，辐射波长拉长了2倍——这就是著名的红移。这相当于削弱了辐射的能量，意味着对应物质的减少。因此，能量密度总体的变化不是与边长变化的立方成正比，而是与其4次方

1.影响到我们在后面的1个章节讨论的1个条件，但并不影响这里的讨论。

成正比。当今天的宇宙的线性尺寸是其目前的一半时，其辐射密度不是今天的8倍，而是16倍（2^4）。当宇宙中的线性规模是现今的十分之一时，重子密度是现在的1000倍，但辐射密度却是现在的1万倍。我们很容易看到，这一过程会使我们回溯宇宙历史时，意识到辐射的重要性，直到宇宙诞生几十万年后，辐射对宇宙密度做出的贡献才开始与物质相当，而在更早的时候，辐射是最重要的因素。

当辐射密度低于重子密度时，宇宙年龄在几十万年，物质和辐射开始解耦爆炸，分道扬镳。在此之前，温度过高，使电中性的原子无法构成。但是光子 —— 它是电磁相互作用的承载粒子 —— 与带电粒子发生强大的相互作用。带正电的原子核和带负电荷的电子在光子的海洋里运动，形成等离子体，而光子与带电粒子相互作用（实际上，是从它们身上弹开），在空间沿之字形路径飞行，就像在疯狂的宇宙弹球机里高速飞行的弹球。鉴于宇宙的温度超过几千度，任何被原子核捕获的电子在受到高能量光子碰撞之后，都会立即飞出去变成自由电子。但是，随着温度降低到了这个阈值以下，光子的撞击变得太软弱，无法打破将原子绑定在一起的电磁力，所有的电子与原子核逐渐锁定在中性的原子中。由于周围不再有更多的自由带电粒子的阻挡，光子能够几乎不受阻碍地通过宇宙空间。

所有这一切发生的条件状况正如现在太阳表面的温度条件，这并非巧合，因为现在太阳表面正在进行完全相同的进程。太阳表面以下，那里的温度超过6000 K，由于受到高能撞击，电子被从中性原子中剥离，物质以等离子的形式存在，就像宇宙诞生火球的最后阶段。大家要是想稍微了解一下光子被困在这样的等离子体中，其处境有多么困难，可以想象如下的情景：光子从太阳的中心出发旅行，平均仅前进1厘米就会与带电粒子碰撞，并反弹飞向一个随机的方向。因此，它需要沿着之字形道路前进，每经过约1厘米长的距离，就要拐弯。因此光子即使是以光速前进，一般也需要1000万年才能到达太阳的表面。如果它可以从太阳中心沿着一条直线前进，只需2.5秒就能到达太阳表面。不过实际上，光子却要走过总共10亿光年的路 —— 不停地前进、倒退、转向，每一步只有1厘米 —— 才能最终走出来。要是把1个光子所走过的之字形道路取值，它将是从这儿到银河系最近的毗邻星系仙女座星系距离的5倍。只有在太阳表面，电子能与原子核结合起来形成中性原子，光子流才可以自由地进入太空。

　　因为在我们生活的星球上，电中性原子是司空见惯的常物，要想获得等离子体，需要将原子打破，然后可以重组为原子，原子物理学家将在等离子体中这些原子核和电子合并到一起形成中性原子的过程称作"重组"。他们甚至还用这个术语来描述发生在宇宙年龄在几十万年的时候的事件。但严格说来，这不是"重新"的组合，而是"首次"的组合 —— 是宇宙历史上电子与原子核第一次以这种方式走到一起。不论用什么样的名词 —— 在重组阶段，整个宇宙的状态都像现在太阳的表面，我们现在探测到的宇宙微波背景辐射中的光子，是从那时以来就在太空中穿行，一直没有与任何物质发生相互作用，直到它们落入射电望远镜的天线。

　　有一个巧妙的比方可以让大家感觉出这些射电望远镜所观察的情景距离宇宙大爆炸多么的近。这个比方是美国的物理学家约翰·惠勒（John Wheeler）提出的，阿兰·古斯（Alan Guth）在他的《暴涨宇宙》中进行了更新。如果把我们回望宇宙历史的活动比作从纽约帝国大厦的顶层向下面的街道看去，街道的平面代表宇宙的开始，即140亿年前，那么，现在所观测到的最远的星系相当于距离街道10层楼高的地方，所观测到的最遥远的类星体则相当于7层楼。但是，以背景辐射的形式所看到的重组，对应的则只是高出街面1厘米。这就是为什么观测宇宙背景辐射对于我们了解宇宙的早期发展如此重要。

即使不谈大爆炸火球不同地点温度的微小波动的重要性，只是测量如今背景辐射的整体温度，以及知道宇宙中光子的"密度"，也为我们了解宇宙性质提供了重要的线索。本章所讲述的故事，不停引述大爆炸不同发展时期的温度（即能量）。但是，我们是如何准确知道这些温度的呢？方法很简单，现在我们可以测量背景辐射的温度，然后使用描述辐射发生挤压时会发生什么的方程，加上说明宇宙膨胀的广义相对论方程，将时间向前推到任何我们想要了解的时代即可。这样我们就能知道如原始核合成时期的温度（或者，如果大家愿意，也可以了解在早期宇宙的那个时期，温度能够允许核合成发生）。

不过，这一原始的核合成发展的速率并不只是取决于温度。它还取决于那个时候重子的密度（具体地说，核粒子、质子和中子，这些统称为核子）。如果有更多的核子，则越有可能发生核相互作用；核子越少，越不太可能发生反应产生氘、氦和锂。因为我们对于宇宙中光子的密度了解得相当好，就很容易测量核子相对于光子的密度。不同的核反应以不同程度的敏感性依赖于这一比率。最敏感的反应是产生氘的反应。结果表明，在原始核合成时期，如果每1亿个光子有1个核子，那么现在每100万份重子物质就只有0.000 08份氘——每

1亿个核子中，只有8个氘核。如果光子对核子的比例是1亿∶1，那么每100万个核子中将有16个氘核。如果比例是100亿∶1，那么每100万个核子中将有600个氘核。事实上，通过对最古老的恒星的光谱观测，显示氘丰度在每百万核子中有16到21之间，相对应的光子对重子的比例则仅仅是10亿∶1。

　　光谱对于天文学来说是一个关键工具，因而值得简单介绍一下。由于每一种原子（每种元素）都会在光谱中产生一种具有特殊波长的线作为记号，这就像人的指纹或超市的条形码一样是独一无二的，因此天文学家只要看到物体所发出的光，就可以判断它是由什么东西构成的，哪怕它是远在宇宙的另一边。由于冷原子会吸收特定波长的光，这与其热的情况下辐射出的光的波长的模式完全相同，因此，通过分析发自遥远的星系穿越这些星云的光，我们也可以判断出太空中寒冷的气体和尘埃是由什么构成的。当物体穿越空间朝向我们运动时，其光谱的整体会向蓝色端偏移。当它们离开我们时，光谱会向红色端偏移。这种多普勒频移能够告诉我们恒星和星系在空间移动的速度有多快。不过著名的宇宙红移是由不同的过程产生的，它是由于宇宙膨胀星系之间的空间本身拉伸造成的。它告诉了我们宇宙膨胀的速度有多快，并暗示出宇宙是何时诞生的。没有光谱学，我们对所栖息的宇宙将知之甚少，而且这本书（以及其他许多书）可能永远都没法写出来。然而在光谱学的帮助下，我们可以测量在古老恒星中氦、锂，以及氘的比例，并利用这些测量结果来改进我们对原始核合成时期核子密度的计算。正是因为我们知道这些比率——例如，有25%的重子物质的质量是以氦的形式存在的——我们才知道原始核合成时期的情况如何。只要早期宇宙中核子的密度处于较小的范围内，则所有的数值都能相互吻合。以每立方厘米的克数计，实际的数字实在是太小，到了难以理解的程度 —— 它们对应于现在宇宙中重子物质的密度为每立方厘米10^{-31}克的几倍。如果从使宇宙保持完全扁平的临界密度的角度来考虑这个问题则更有意义。正如我们所讨论过的那样，有充分理由认为，从这个意义上讲，宇宙是平坦的，而且暴涨理论曾预言，它必须极其接近扁平。天文学家确定了扁平的临界密度为1。当我20世纪60年代末和20世纪70年代初初涉天文学领域的时候，对背景辐射的观测证据，以及最古老的恒星上最轻的元素的丰度告诉我们，现在宇宙中的重子密度在0.01和0.1之间。也就是说，重子 —— 即构成我们人类以及所有明亮的恒星和星系的物质 —— 只提供了使宇宙保持扁平所需的质量的1%到10%。当时，这一发现似乎是（也确实是）科学和人类思想的一个惊人的成就。但是，到了2005年，改进的观测表明，重子形式的物质占到了临界密度所需物质4%到5%，并可能更接近4%。测量手段的精度比30年前至少改进了10倍。[1] 这一结果让我们面临一个无法否认的结论，即如果宇宙真的是扁平的，那么它必然含有某种不是由重子构成的物质（即非重子物质），它是看不见的，因为它不发出能量（换言之，暗物质，或者可能是暗能量）。宇宙中至少95%的物质必然是非重子物质。

　　这一点，现在看来却是一件好事。尽管此类暗物质的属性仍神秘未知（正如我们将在第6章所见），但是对于星系或者恒星却是不可或缺的。暗物质的引力作用引发了宇宙火球的细小扰动，并通过宇宙背景辐射呈现出来，它自己则产生于宇宙膨胀时代的量子扰动，对于

---

1. 而且在这些重子物质中，不超过1/5的，即不超过宇宙保持扁平所需的质量的百分之一的物质，是以明亮的恒星和星系的形式存在。

最终产生了现在的宇宙中的可观测到的结构（包括我们自身）也起到
了至关重要的作用。

第 5 章
可观测宇宙的结构是如何发展演化的？

　　透过宇宙微波背景辐射的涟漪，我们发现在重组阶段，即宇宙诞生后仅仅几十万年，宇宙中重子物质分布存在的不规则性只相当于十万分之一。这相当于在1000米深的湖面上，出现了只有1厘米高的涟漪。如果宇宙仅仅有重子，只能提供扁平状所需的物质密度的5%或更低，那么宇宙的膨胀就会将原本存在的涟漪拉伸平整，此时引力还来不及产生作用，将重子聚拢起来产生像恒星和星系这样有趣的事物。一个涟漪的引力对于宇宙扩张的力量来说过于微弱了，根本就无力抵挡。但是有其他证据表明 —— 这些证据也是从分析宇宙背景辐射获得的 —— 在宇宙诞生后10亿年内，也许是在5亿年内，即从背景辐射开始发出时，一些像恒星或超级巨星的热物体已经形成，并对周围的环境施加影响。

　　有关的影响是，第一批此类超级巨星加热了它们附近的气体。这种热能将氢和氦原子中的电子剥离，使这些在重组时已合并成中性原子的材料重新发生电离，那时宇宙的年龄只是现在年龄的大约千分之一。这意味着，宇宙中再次出现了自由电子，可能与大爆炸火球遗留下来的电磁辐射发生反应。但是，由于这个时候宇宙的密度已急剧下降，背景辐射并没有被完全阻挡模糊。相反，电离材料在穿越背景辐射时留下了印记。事实上，我们看到的印记（这影响了辐射的偏振现象，与偏振光眼镜影响射入的光线的效应一样），是由于从发生重新电离的时间至今，辐射和自由电子穿越这段时空发生相互作用的结果。这是一段约为130亿光年长的低密度物质"柱"。这些观测结果能够让我们计算出，在天空的任何方向，这样的"柱"中有大约多少个这样的电子。把这些知识与我们所知的随着宇宙扩大宇宙中重子密度的变化结合起来，表明这些电子柱应该有多长，并因此得知其在再电离阶段的终点在何地（或说何时）。这一估计中有一些不确定性，部分是因为再电离可能是在一个十几万年的时期内发生的，而不是宇宙中所有的地方同时发生；另一部分原因是在宇宙微波背景基础上的研究观测所给出的估计，与对已知最遥远明亮的物体，即所谓的类星体的研究所给出的估计略有不同。但是，这些将是下一代探测器才能解决的细节问题。有一点是明白无误的，再电离过程发生在大爆炸10亿年后，其距离我们的地点相应的红移大于7。[1]

　　哈勃太空望远镜已经给出了证据，说明物质此时已经开始结团，形成了恒星和小星系（称为矮星系）。哈勃太空望远镜花了很长时间对一小片天空进行曝光拍照，记录下了视域中最暗、最遥远的物体的图像。这就是所谓的哈勃超深空外太空照片（Hubble Ultra Deep Field，缩写为HUDF）。2004年的HUDF分析显示，里面存在大约100个微弱的红色斑点，每1个对应1个矮星系，我们看到的是当宇宙刚刚超过10亿岁的时候离开这个星系的光。但是，即便它们也算不上是第一个

---

1. 由于光穿越空间所需的时间是固定的，而宇宙对象的红移能告诉我们在不断扩大的宇宙中它到我们的距离，红移可以被看作"回溯时间"。例如，红移6的回溯时间对应的是125亿年。重组发生的地点的红移是1000。

炽热物体，因为那样的物体对应的红移约为 15 至 20，相当于 130 亿至 135 亿年的回溯时间，距离宇宙大爆炸之后只有一两亿年。想象这些对象与现在的宇宙的关系，可以看作一个 70 岁的人"回头看"他才 11 个月大的时候的婴儿照。[1]

对于第一个炽热物体如何形成，在计算机模拟的基础上，还有一丝猜测的因素，但我们认为我们知道发生了什么。以下情况可能至少大面上是正确的，而且将被下一代空间望远镜验证和改进。

第一项要求是要确定什么样的暗物质能使星系形成。虽然我们对于使整个宇宙保持为一个整体的暗物质还有许多话要说，但是有一个关键的特征需要在这里指出。当天文学家最初意识到需要暗物质的概念来解释宇宙动力学时，当时有两种候选理论，还有一个众所周知的竞争者。这个竞争者是中微子。人们一直假定中微子的质量为零，因此它能够以光速（像光子一样）旅行。但至少物理学家知道中微子是存在的，而且宇宙中有这么多的中微子（宇宙大爆炸所产生的中微子的数量，与背景辐射中光子的数量大约相同），因此，即使每个中微子只有极小的质量，其总和也将非常之大，足以达到宇宙扁平性所需的密度。直到 20 世纪 90 年代初，地球上所进行的实验，没有任何一个能够确定中微子是否确实拥有质量，但是对天文学和宇宙学的研究却得到了有关中微子令人惊讶的信息。

---

1. 令许多天文学家感到惊奇和欣喜的是，在 2005 年年底，一个研究斯皮策太空望远镜红外线观测结果的小组的报告说，他们在红外波段看到了背景辐射的微弱的辉光（这与宇宙微波背景辐射截然不同），这可能是星族Ⅲ原始恒星受到高度红移的光，隔开 130 亿光年的空间看到它们的景象。这是支持计算出的电离过程发生时间的独立证据，但仍然不等于能够帮我们直接想象那么久之前的恒星个体是何种情况。

我们暂时撇开质量问题。实际上是宇宙学最先确定存在有3种（3种"味道"）的中微子，分别对应电子、τ子和μ子。中微子极其难以捉摸，要想**证明**其他种类的中微子并不存在是一项艰巨的任务，这依赖于间接的推论和大量的猜测。单从地面试验来说，在20世纪80年代初所有的物理学家都说，必然存在有不少于737种"味"的中微子，随后几年中，他们费尽心机将数量极限下调到了44种，然后是30种。到了20世纪80年代后半期，由于欧洲核子研究中心的一个重大实验终于使种类降到了6种。但是，他们所做的事情，只是确认了宇宙学家已经知道的事实。

其原因在于，中微子的种类到底有多少，影响到宇宙大爆炸时的原始核合成所产生的氦的量。所产生的氦的确切数额，取决于核合成阶段宇宙扩张的速度，速度越快，氦越多（因为这样自由中子就锁定在了氦原子核中，衰变的机会更少）。影响宇宙扩张速率的一个因素是现有的轻子的种类（也包括其反粒子，默认情况下粒子和反粒子都包括在内了）。大家可以将轻子看作帮助宇宙膨胀的压力，轻子的种类越多，产生的压力越大，使宇宙膨胀的速度越快。宇宙学的计算告诉我们，在最古老的恒星中，观测到的氦含量大约不到25%，由此推算，在宇宙的原始核合成阶段，只能有5个类型的轻子。其中两个是光子和电子，那么剩下的就只能有3种中微子。每增加1种"味道"的中微子，氦的比例将上升1个百分点；中微子的类型有4种，就将氦的含量向上推了2.5%，这种可能已经被天文观测排除了。自20世纪80年代以来，地球上的加速器实验已经变得足够强大，可以通过这种实验来确定中微子的种类，其结果也和上面的推论相同。从这一角度看，在地球上测量到的中微子类型的数量，能够告诉我们宇宙大爆炸制造

了多少氦 —— 这一惊人的结果，证明粒子物理学和宇宙学所面对的都是宇宙本质的根本性的真理。

另外，也是天文观测最先告诉物理学家，中微子具有质量。这是从研究一个比宇宙大爆炸更接近我们的对象 —— 太阳 —— 所获得的结果。这提供了另一种联系，将实验室规模的物理学、天体物理学和宇宙学联系在一起，强调指出，支撑这些学科的科学，是涉及世界如何运行时，我们真正**了解**的东西。

我们在第 2 章探讨大统一理论时曾提到这事儿，它可以追溯到 40 多年以前，即 20 世纪 60 年代初期。当时，来自布鲁克海文国家实验室的一个科研小组，由雷·戴维斯（Ray Davis）领导，在南达科他州里德的一个矿井的 1.5 千米的地下，安装了一个实验装置，用来检测来自太阳的中微子。之所以要把实验设备埋得如此之深，是为了避免来自空间的称为宇宙射线的粒子的干扰。但这一设备也必须非常敏感，因为中微子极不"乐意"与普通密度的物质发生反应。它们能自如地穿过太阳的核心，而不会受到任何干扰（光子就不同了，它们需要经过曲折的道路才能到达太阳的表面），而且可以轻易地穿过探测器上方 1.5 千米的固体岩石。探测器本身的大小相当于奥运会标准游泳池的 1/5。这是一个充满了 40 万升全氯乙烯的水箱，这种液体常用来进行所谓的"干洗"。科研人员希望，来自太阳的稀少的中微子，能够和全氯乙烯中的氯原子发生相互作用，产生放射性氩同位素的原子，后者通过适当的手段可以测量到。

太阳内部产生中微子的过程，包括氢氦转换过程，这有点像大爆炸中原始核合成过程。这种聚变过程会释放能量，使太阳发光，并产生中微子。因为我们可以测量出有多少能量从太阳发射出来，而且从实验室里的研究知道，每制造出1个氦核，能产生多少能量，这样就可以计算出每秒中有多少个核反应发生，以及有多少个中微子产生。这一计算告诉我们，每秒钟，在地球上每平方厘米的区域内（包括探测器所在的区域）有70亿个这样的中微子能与氯原子发生恰当的反应。但是，考虑到中微子极难与普通密度的物质发生相互作用，计算预测，每个月里，在霍姆斯特克矿井中，仅有25个中微子能被探测到。而事实上，经过几十年的实验，只记录到了预期的中微子数量的1/3，即1个月里探测到8个或9个，而不是25个。

自20世纪60年代以来，许多其他不同类型的探测器记录了类似的结果，而且不论是测量核反应堆或是由宇宙射线与相互作用的大气中原子所产生的中微子（不再仅仅是电子中微子，还有其他种类），都显示出同样的数量不一致性，计算应产生的中微子数目与探测器实际记录到的数字不同。对于这种不一致，唯一可行的解释是，中微子产生的数目和预期的相同，但是在它们飞向探测器的路上出了意外。

太阳的核心的交互反应所产生的中微子都是电子中微子，而典型的太阳中微子研究中使用的探测器，只能探测到电子中微子。但现在人们已经弄清楚，中微子在穿越空间的过程中，会转变为其他品种（τ子和μ子中微子），或是再变回来。这一过程称为中微子振荡，这意味着，如果一开始是纯粹的电子中微子（当然了，也可以3种当中的其他任何一种），但是很快，这一束中微子中，只有1/3的电子中微子，另外还有1/3的τ子中微子和1/3的μ子中微子。这一过程与波粒二象性这一量子现象有关，而且这一理论并不仅仅是临时拿出来解释太阳中微子之谜的 —— 在研究一种称作K介子的时候，人们就熟知这种振荡了，后来才用它来解释中微子的观测结果。但是这种振荡还有一个极为重要的功能，那就是它们只能发生在有质量的粒子身上。换言之，对南达科他州矿井中的一池干洗液所进行的测量表明，宇宙中的一种最普遍的粒子 —— 中微子 —— 必须是有质量的。每1个中微子的质量可能非常小，但它绝不能是零。

你可能会认为 —— 许多天文学家有一段时间也这么认为 —— 这解决了宇宙中"失踪"的物质的难题。但人们很快发现，把所有的失踪物质归结到中微子的头上是行不通的。中微子可能是一种暗物质，但它们不能用来解释宇宙中所观测到的明亮物质的分布模式。我们前面提到的两种暗物质被称为"热"和"冷"暗物质。中微子是热的，这是因为它们能以接近光的速度运行。但是，我们为了解释天空中星系的模式，所需要的是一种大量的缓慢移动的冷暗物质（CDM）。

请记住，我们需要解决的困惑，是重子在早期宇宙中分布的微小涟漪，只相当于十万分之一的密度不平衡，如何能够造就今天的星系和星系团，不论宇宙如何膨胀，并将这些涟漪拉伸变得更小。最大规模的明亮星系分布的模式类似于自然海绵的内部，其中空洞区域（缺乏明亮星系的地区）周围围绕着明亮的泡沫，以片状或丝状结合，组成星系团和超星系团。在以热暗物质的引力占主导地位的宇宙中，有可能形成这种结构，但问题是，这需要很长的时间。大爆炸产生的有足够大质量的高速粒子，就像保龄球打倒球瓶一样，会将重子席卷而走，撕扯成丝状或片状，围绕着空间的空白区域的边缘。只有在中微子的速度放慢（"冷却"）到光速的约1/10时，这一过程才会结束。也只有到那时，由氢和氦构成的大片才会在引力的影响下开始收缩崩溃，最终以一种"自上而下"的过程形成恒星和星系。但是这里"最终"一词很关键。整个过程需要至少40亿年，但我们知道宇宙只有140亿岁，而仅仅在银河系，就有上百亿年的恒星，而更深入的观测，如哈勃超深空探测就表明，宇宙大爆炸之后刚过了10亿年，小星系（但不是大星系）就已经形成了。事实证明，如果中微子的质量比"**非常微小**"超出一点点，天文学家就会大感窘迫——好在令人高兴的是，实验表明，中微子的质量确实太小，不会对星系形成的模型造成问题。

中微子必须具有质量以产生振动的原因在于，产生振动时的速率取决于不同种类中微子的质量差异。如果质量为零，就不会有差异了！由于振动的速率取决于质量的不同，中微子充分混合成同等数量的所有3个品种所需穿越的时空，也取决于质量的差异。对这个问题，太阳中微子的研究能告诉我们的很少，因为从地球到太阳的距离非常之大，就连光从太阳到地球的时间都需要8.3分钟，中微子所需的还要长一点。对于绝大多数粒子的相互作用的标准而言，这一时间非常之长，足够其充分而完整地混合。但是，对于宇宙射线和大气层之间相互作用产生的中微子来说，其中一些只需要几分之一秒的时间就能到达探测器，因而对其所做研究的限制就更为严格了。这些研究无法直接告诉我们每种中微子的质量分别是多少，但它们可以给出线索，假设它们的行为与能够更方便地研究的粒子如K介子类似，这就能让我们判断出所有3种中微子的总质量是多少。将中微子对宇宙密度整体的贡献加到一起，我们得出结论，中微子至少贡献了宇宙保持扁平所需质量的0.1%。

　　另一方面，我们今天所看到的宇宙这样的结构，以及这种结构出现所需的时间，告诉我们**所有**热暗物质对宇宙密度的贡献，不超过重子质量的13%——换句话说，不到为了达到扁平所需的总密度的0.5%。这表明，对宇宙中体积最小、质量最轻的事物的观测，与对宇宙中的最大尺度的结构的观测之间，达到了非常令人满意的吻合。而假如粒子物理学家说，为使宇宙达到扁平状，中微子必须至少有0.5%的贡献，而天文学家说中微子的贡献不能超过0.1%，那可就麻烦了。好在情况并非如此。两者之间达到如此程度的协调，有力地证明了，即使是所获得的数据可能并不完全一致，物理学家知道自己研究的是什么。这一点再怎么强调也不过分。

　　从能量和质量单位的角度来考虑这个问题，那么这3种中微子各有1个，加起来的总质量还不到2电子伏特，相当于1个单一的电子质量的0.0004%。因此，我们**认为**，把所有3种中微子的质量全部加起来，其引力只占到使宇宙保持扁平所需引力的0.5%到1%，我们仍然要弄清楚宇宙中占95%的引力的东西是什么。第一步是要研究**冷**暗物质对于我们现在所看到的宇宙的结构，产生了怎样的影响——不过现阶段还无须担心CDM粒子有可能是什么，因为对这一次，是宇宙学首先参与进来，并告诉粒子物理学家需要找寻的是什么。

　　天文学家在检验他们关于宇宙中结构演进的方式的时候，是拿天空中星系和星系团所留下的分布模式，与膨胀宇宙中引力所导致的不规则性会如何演变的模拟结果进行对比。这话说得很别扭，但听上去却让人觉得做起来很简单。但是这样的观测要求测量数以十万计的星系的红移，它们都过于微弱，肉眼看不到，而且它们分布在天空不同的区域。只有在数字技术的帮助下，如此详细的研究才切实可行。从20世纪末开始，以及进入21世纪以来，科研人员开始用CCD数码摄影技术拍摄星系的"照片"，用计算机分析海量的数据。把红移的测量数据转换成距离，建立起一个从我们的角度来看宇宙向外延伸的由楔形或圆锥形构成的三维地图。即使到如今，我们还没有对整个天空做完这项工作；但是对广泛分布于天空各处的观测，都给出了同样的泡沫状图景，所以我们相信，这些"切片"代表了宇宙的典型图景。

说起来，倒是相关的计算机模拟更难。如果你有一个足够大的电脑（我的意思是说，如果内存和硬盘空间足够大），你可以用一组数字代表早期宇宙中的每一个星系，运行爱因斯坦的宇宙普遍膨胀的方程以及引力定律，采用不同的初始条件和不同量的冷暗物质，进行模拟计算，看最终哪些看起来就像真正的宇宙。现在已知的星系有几千亿个，这种模拟计算显然是不可能的。而且，模拟中每个这样的"粒子"都相当于太阳质量的大约10亿倍。在最大的此类模拟中，虚拟了100亿颗这样的粒子，模拟整个可见宇宙膨胀的行为。[1] 模拟计算模型设定，这种粒子的统计分布与重组发生时物质的分布方式相同，然后按照虚拟时间来考察粒子如何凝聚在一起。当事情开始变得有趣，模拟就开始重点关注某个正在形成的集群，而不再检视宇宙的其余部分，

---

1. 算一下我们就知道，即使有100亿个这种粒子，加起来只有可见宇宙质量的0.003%。不过这倒不是什么问题，因为在整体尺度上，宇宙非常接近光滑与同质化。与此类似，对于一片规范种植的玉米地，只需显示百分之一的玉米秆，我们就能知道这块地长势如何，因为这片地的样子是统一的。

并重新使用同样多的虚拟粒子，探测这一更小尺度中集群结构的发展。从原则上讲，这一进程能够不断继续，直到个别星系的形成，但这也将当今的计算机技术推到了极限。

这些研究和绝大多数现代的研究一样，远远超出了任何个人的能力范围。其中最大的一个模拟项目，是由一个称为"室女座联盟"（the Virgo Consortium）国际科学家小组进行的，这个名称来自距离地球最近的大型星系团，位于室女座的方向（但距离远远超出了它）。这一模拟计算是选择一个虚拟的质量点，计算施加在它身上的其他点9 999 999 999的引力影响，然后选择另一点，做同样的计算，一遍又一遍，直到每个点都计算过。在仿真中，每个点都按照所受的全部的引力发生一点移动，"宇宙"也会扩大一点点，然后整个过程一遍又一遍地重复。但是，为了在合理的时间内获得进展（即不要等研究人员都老死），还是必须使用一些捷径。例如，对于相距甚远的点，仿真把数以千计的个别粒子合在一起，并使用其总引力计算其对宇宙另一边的粒子的影响，而不是计算所有单个粒子的影响。这个模拟计算中使用的Unix集群计算机集成了812个处理器，拥有2 TB的内存，每秒能够进行4.2万亿次计算（每秒4.2万亿次浮点运算）。即使以这样的速度运行，每次模拟也要运行数周的时间才能产生结果。到2004年年中的时候，模拟已经产生了20万亿字节的数据，包含虚拟宇宙不同发展阶段的64个快照——不同的红移，不同的回溯时间。把这些快照与真正的宇宙中明亮星系的红移图进行对比，清楚地表明，必须存在大量的暗物质，才能解释我们在真正的宇宙中所看到的结构。

当然，肉眼不可能做出这些比较，尽管我们即使随便地瞥一眼这两幅图也会感到它们惊人地相似。相反，对计算机模拟和实际宇宙的各种丝状、片状和空洞区域进行统计学上的比较，可以让我们客观公正地评价模拟和现实匹配得如何。答案是，**两者匹配得确实非常好 —— 前提是**，宇宙中存在大量的冷暗物质，而且宇宙是扁平的。

虽然已经进行了许多种不同的模拟实验，实验中设定的暗物质的数量不同，宇宙的密度不同，偏离扁平性的程度也不同，等等，不过这里我们无须把这些都细细道来，因为只有一个真正符合我们如今生活于其中的宇宙。但是，这不是走运猜中了，我们也不希望大家以为天文学家是随便找来一种理论，凑巧发现他们竟然对了；为了到达目前的这一步，他们试验了很多次，有时候开始就错了，有时候走进了死胡同，又不得不倒回来。我们现在的模型是已有模型中最好的，也是对宇宙最好的理解，但它是经历了几十年的研究工作才发展起来的，有点类似现代飞机从莱特兄弟的第一架飞行器演变而来的过程。

该模型所依据的观点，是重子嵌在大片的冷暗物质海洋中。我们在下一章会探讨更多关于冷暗物质的性质等问题，但这里的关键问题是，宇宙学要求它必须存在，而且这种粒子似乎不与重子物质以任何方式发生相互作用，除了引力之外。我们不能确定究竟存在多少这样的粒子，以及其单个的质量是多少（甚至不知道它们是有一种还是多种），但是一个合理的猜测是，它们像质子和中子一样有同种类型的质量。计算机模拟表明，它们散布在整个宇宙，包括明亮星系团之间的空隙。这些空隙中还必然有黑暗的重子，因为为了使仿真模型与真正的宇宙吻合，我们必须假定，重子和冷暗物质粒子在整个宇宙中相互交织。我们看到了明亮星系组成的泡沫格局，因为只有在暗物质密度更大的区域明亮的星系才得以形成。这是由于暗物质的引力将附近的重子气体吸引到引力坑洞中，在这里气体云规模变得足够大，使其发生崩溃，形成恒星和星系。这意味着明亮的东西让我们对宇宙的观察略有偏见，因为实际上宇宙中物质的分布比明亮物质的分布更为均匀。但是，这一偏离值相当之小 —— 这就好像是，如果宇宙中物质的平均密度近乎让气体云崩溃，那么只需要一个相对较小的多余的密度涟漪，就足以启动这一进程。

对像银河系这样个别星系的研究也揭示出了重子物质和冷暗物质之间的密切关系。实际上，正是对星系的研究首次向人们暗示，宇宙中除了到达我们的眼睛的东西以外，还有更多的内容。只不过多年来，大多数天文学家都不愿意接受这种暗示。

早在 20 世纪 30 年代，在天文学家们认识到他们从望远镜里观察到的一些模糊的光斑实际上是银河系以外的其他星系之后只有 10 年左右，瑞士天文学家弗里兹 · 茨维基（Fritz Zwicky）注意到星系团的一个奇怪的事情。在许多情况下，这些星系群运行的速度太快，以致其中的所有明亮恒星的引力都不足以将星系团聚集在一起。如果观测结果是正确的，那么根据天文标准，星系团不能保持稳定，而是很快会蒸发消失。当时，河外星系和利用多普勒位移（**不是**宇宙红移）来测量这些星系运行的速度都是新出现的观点，当时没有几个人愿意接受茨维基的研究结果。但是，如果你不接受这种结果，那么这些结果就暗示，为了使星系团保持稳定（或"在引力的约束下"），在大星系团中，就必须有比单纯以明亮的恒星的形式多几百倍的物质发出引力。

茨维基将这种看不见的物质称为"暗（冷）物质"。[1] 即使你不拿这些结果当真，可是在当时没有任何理由认为，在宇宙中不可能有很多黑暗的重子物质，以冷的气体云或光线非常微弱的恒星的形式存在，所以那时人们对此并不是太担心。即便人们在近70年前就意识到可能存在暗物质，可是直到20世纪60年代，随着对宇宙大爆炸的核合成过程的逐渐了解和对重子物质数量的限定，人们才开始关注研究暗物质。接着，在茨维基的开创性工作近40年后，在20世纪70年代，有关暗物质的主题出现了另一个变化。

当时，多个研究人员正在研究圆盘星系（比如银河系等）是如何旋转的。这种星系的名称很形象，它是扁平的恒星系统，像一个中央隆起的旋转光碟，隆起和扁平部的比例与煎蛋中蛋白和蛋黄的比例大致相同，但其直径通常为10万光年，含有数千亿颗恒星。整个系统像轮转烟花一样悠闲地旋转，像太阳这样的恒星需要几亿年的时间（距离银河系的中心相当于星系半径的2/3）完成围绕中心的旋转。当我们看到这样的旋转星系，利用多普勒效应可以衡量其旋转速度。星系盘一侧的光是朝向我们运行，因此这些光会显示蓝移，而另一侧的光是远离我们，所以会显示出红移。红移和蓝移的大小就揭示了光盘旋转的速度。到了20世纪70年代，技术已经发展得相当完善，在许多情况下，对于距离中心不同的星系的不同地区，其速度都能测量出来了。结果却令人大吃一惊。

如果圆盘星系中所有的物质都以像明亮的恒星同样的方式分布，

---

1. 在他的语言中就是" dunkle（kalte）Materie "。

那么越是远离中心的恒星运动的速度就越缓慢，因为它们远离中央隆起（或称为星系核）的巨大质量。同样，在我们的太阳系中，外围行星，如木星和土星等，在其轨道上运行的速度比内行星（如金星和地球）更慢，因为它们远离太阳的巨大质量。但是，在对几乎每一个圆盘星系的研究都表明，除了星系最靠核心处，星系的轨道速度不论是边缘还是靠近中心的地方都是一样的，并且边缘和内部之间的任何一点上也是一样的。对此唯一说得通的解释是，圆盘星系是嵌在大量的暗物质中，而暗物质的质量至少是星系的 10 倍，暗物质将星系盘紧紧控制在自己的引力范围内。这直接表明了单个星系中存在暗物质，而茨维基的开创性研究则表明，在星系之间的空隙中还必须有更多的暗物质。

在 21 世纪最初几年中，天文学家发现了更多的直接证据，表明在星系之间存在暗物质云团。请记住，大爆炸所产生的重子中，只有大约 1/5 的是以明亮的恒星和星系的形式存在，可以被我们看到。其余的必须存在于某个地方，比如在恒星和星系之间的气体云中，或是在微弱的恒星中。很长一段时间以来，没有人知道它们究竟存在于何处，但人们自然地猜测，由于这些重子暗物质是冷的，因而才不能为人所见。结果，这种猜测却是完全错误的。它之所以无形，是因为它是热的！

卫星观测发现，"暗"重子位于紫外线光谱段，这一区域是我们的眼睛无法看到的。卫星也观测到，我们的银河系和附近的星系（一种小型的星系团，称为"本星系群"）实际上是处在一个巨大的星际气体热雾中，这些气体是我们熟悉的氢和氦。以地面标准而言，虽然它非常微弱，但这种气体非常热，也就是说，里面的粒子的移动速度非常快，并发出波长很短的辐射，超出了可见光谱蓝色端，处在紫外线频段。如果我们的眼睛可以看到紫外线，我们会看到整个天空都覆盖着一团明亮的雾，其温度约为1千万K到2千万K（1~2千电子伏）。在本星系群中，这样的热物质的质量相当于1万亿颗太阳，大约是星系中明亮物质的质量的4倍多，这与我们所理解的宇宙大爆炸的核合成吻合得非常好。但是，这仍为冷暗物质留下了足够的余地。就像星系旋转的速度表明星系团是由暗物质聚集在一起的证据一样，这也表明这种热气体云只能是由暗物质聚拢在一起。这种热气体是嵌在寒冷的暗物质中，并为我们提供了一个暗物质的示踪剂，就像夜晚圣诞树上的彩灯能够显示出树的轮廓一样。

在其他星系团中的星系的周围，也发现了类似的热气云。这一证据表明，这些气体之所以能保持热能，是受到来自某些星系活跃的内核所抛出的高能量物质的轰击，在观测中发现这些是强大的射电源，而且可能伴随着巨大的黑洞。气体的热量也可能来自早期宇宙发生重组不久之后，气体云碰撞所发出的最初的热冲击波。

不论其热量来自何处，对整个可见的宇宙结构形成的计算机模拟最终显示出，我们需要冷暗物质的存在，不过此时这一结果已经不再是真正的惊喜了。但是仍然有一个重大的难题需要解决。

我们对原始核合成的了解告诉我们，宇宙保持扁平性所需的质量的4%左右是以重子的形式存在的（其中有不到0.5%的是以中微子的形式存在），还通过观测知道这些物质中约1/5的（低于扁平性所需物质的百分之一）是以亮物质的形式存在。比较今天的宇宙中明亮物质的分布模式，以及计算机模拟的结果，我们发现，宇宙中物质的总和，是扁平性所需质量的大约30％——换句话说，有约2.6％的扁平性质量，相当于重子形式物质质量的6至7倍之多，是以冷暗物质的形式存在。多一分，则亮物质构成的模式会更稠密；少一分，则会更稀疏。但是，综合计算机模拟和对宇宙微波背景辐射的研究，我们知道宇宙是扁平的。理解这一点的方法之一，是要了解宇宙膨胀的速度也影响到它现今的高矮胖瘦。如果宇宙是开放的，它的膨胀速度将扩大，物质将更快地被延伸得更薄，自宇宙大爆炸以来，就不会有我们所看到的巨大的结构出现；另一方面，如果宇宙是闭合的，其膨胀得会更加缓慢，物质会更容易地聚集在一起，那样的话，宇宙也会比我们真正看到的要更不平坦。[1] 这就是我们面临的难题——如果只有30％的扁平状所需的质量是以物质的形式存在，那么究竟是什么使宇宙保持扁平的？这一难题的答案将在下一章揭开。但首先，以下是我们对于宇宙自重组之后，不断膨胀，其结构演变的概括描述。

　　我们知道，必须待重组后，重子物质的浓度才能开始增长，否则，带电粒子和背景辐射发出的依然炽热的光子之间的相互作用，仍然会阻止崩溃的发生。但我们也知道，那时暗物质必须已经集中产生团块了，这是由于重子物质被锁定在电中性原子中，落入引力坑洞的速度所决定的。的确，21世纪初给我们的一个惊喜是，随着技术的改进，观测者能够回溯看到更久远的过去，看到更高的红移，在每个阶

---

1. 这里我得告诉大家，你不能改变扩张速度以及暗物质的数额，来"调整"这个问题，这里涉及的所有参数之间达到了相当微妙的平衡，这可能表明，只有出现30∶70的划分，才会出现这一局面。

段，他们不断发现由热氢气体构成的原星系。我们将看到，对此最好的解释，是黑洞在宇宙的很早时期就形成了，并且是星系成长的种子。一些计算表明，原始黑洞的种子形成于宇宙原始的核合成阶段的密度波动。这仍然只是一个假说 —— 这正是我们认为自己知道的一个例子 —— 但它是目前任何人所能想出的最好的解释。

2004年的哈勃超深空探测结果分析表明，在红移为6时，宇宙大爆炸9亿年后，宇宙中有许多微小暗弱的物体，人们称之为"矮星系"。正是源自这些星系的紫外线完成了再电离过程。然而，红移稍高一些，宇宙大爆炸大约7亿年后，这些矮星系明显减少，这表明我们看到了这些小星系形成时代的顶峰。这些矮星系当然没有过很长时间，就彼此合并形成了较大的星系。在2004年的另一项研究报告中，天文学家分析了宇宙年龄大约在30到60年之间的来自星系的光线（在110亿到80亿年以前）。这些光线从地面的望远镜就能看到。调查发现，所研究的这些星系的突出特点是它们均为"成熟"的系统，外形酷似今天我们在宇宙附近所见的星系。它们已经经历了其主要的早期阶段，如合并及恒星的形成等，并稳定下来，进入了相对平静的状态。即使是星系团，在这个意义上说肯定是一个成熟的系统，在距离我们90亿光年的地方，即宇宙大爆炸之后50亿年之后，也已被发现。举一个例子就能说明现在的技术多么的惊人：该星系团首次被发现，是在由欧洲的XMM-牛顿卫星获得的X射线图像中，人们在望远镜对一小片天空经过12.5小时曝光所拍摄的照片中，发现并判断出了它收集到的280个光子代表的是这一星系团。人们接着把地面光学望远镜对准这一区域，发现了12个大型的星系位于可能是由数以百计的小星系构成的集团的核心（这个核心太弱，无法从地球上观测到），它们是由引力结合在一起的。这一发现是在2005年春季宣布的，大家读到此书的时候，上述的技术肯定已经帮助我们找到了更多的处于这样距离的星系团。

包括像我们的银河系这样的圆盘星系在内，[1] 当今的宇宙包含了许多椭圆星系（其形状各种各样，从球形到美式橄榄球的椭圆形，不一而足，大小也不一），此外还有一些剩下的不规则的矮星系。观测表明，当宇宙只相当于现今年龄的1/3的时候，所有这些种类的星系已经出现了，而且那时这些星系已经聚集成了有明确界限的集群。所有这一切都证明，从重组阶段开始，暗物质大规模的集中就已经成了星系形成的种子 —— 但是令人沮丧的是，我们极少有直接的红移大于7的观测证据。

计划中的哈勃空间望远镜的继任者，詹姆斯·韦伯太空望远镜（James Webb Space Telescope，缩写 JWST）[2] 应该能够回溯看得更远，达到红移20；但是在詹姆斯·韦伯太空望远镜发射之前（将不会早于2011年），天文学家必须依靠偶然的星系沿着视线对齐在一起的机会，得以一瞥在接近宇宙大爆炸的时刻，红移非常高的时空发生了什么。[3]

在这种情况下，干预星系（或整个星系团）的引力，就像一个巨

---

1. 有时也被称为"旋涡星系"，但是这个名词并不好，因为并非所有圆盘星系显示出旋涡的样子。
2. 这恐怕是一种时代价值观变迁的标志，哈勃望远镜是以做出了开拓性贡献的天文学家的名字命名的，而詹姆斯·韦伯太空望远镜却是以美国国家航空航天局局长的名字命名的！
3. 根据方程式的原理，虽然对于附近的物体（红移小于1）来说，红移增加1倍，意味着距离增加1倍，但是接近宇宙大爆炸时刻，该尺度就失效了，因此，宇宙大爆炸本身的红移是无限大的。举例来说，红移7对应的距离约为130亿光年，但红移20对应的 红移"仅仅"是大约135亿光年，而不是390亿光年。宇宙背景辐射的来源，其红移约为1000。

大的放大镜那样，可以使来自更远的对象的光线弯曲，使其聚焦。这种引力透镜是一种天然的望远镜，其功能更强大，远远超过任何人造的望远镜；但是观测所需的偶然对齐非常罕见，而且通常产生远处物体某种扭曲的图像，但即使是只有少数扭曲的图像，也总比没有任何图像好得多。

　　现在已知的最遥远的星系（在我写作此书之时，即2005年夏）就是用这种方式发现的。哈勃空间望远镜对附近的一个称为阿贝尔2218星系团长时间曝光拍摄的照片显示了一个更遥远的星系叠加到该星系团上的扭曲的形象。分析该对象的光线我们发现，它的红移接近7，相当130亿年的回溯时间，我们看到的它的光，是宇宙只有目前年龄的5%或6%的时候留下的。很难估计这个原星系的大小，因为它的形象是扭曲的，但它看上去似乎只有约2000光年直径，但它频谱的紫外线部分相对较为明亮。这暗示在年轻星系中恒星的形成活动很活跃，因为年轻的恒星通常很炽热，并且能产生大量的蓝色光和紫外线。这与对再电离时间的估计吻合得很好，因为人们认为再电离是从年轻星系发出的紫外线辐射造成的。而这反过来又表明，这个不起眼的对象确实可能是宇宙中最早形成的第一批星系中的一个。在另一项研究中，同样是利用了自然引力透镜，天文学家们找到了一个更小的物体，那是一群恒星组成的星团，而非星系组成的星系团，它距离我们也超过了130亿光年。这种星团是恒星在引力作用下聚集在一起形成的球状集团，其中包括大约100万颗恒星，而且是像银河系这样的星系的常见构成部分。所有这一切有力的证据都表明，现今宇宙中的大型星系，是在积累和合并规模较小且形成更早的单位后形成的——这是宇宙的"由下而上"的建筑方法，此过程今天仍在继续。

　　这些组合成分中尚有一个需要添加的成分，即充满能量的类星体。人们认为类星体是由超大质量黑洞提供能量，其质量相当于数以百万计的像太阳一样的恒星，虽然其中很多的物质可能原来一直是暗物质。之所以称其为"类星体"，这是因为在短时间曝光的天空照片上，类星体看起来像恒星，但它们实际上却不是。长时间曝光拍摄的图像表明，类星体是位于一些星系中心非常明亮的物体，其亮度极高，很难看到同属于星系的周围的恒星，就好像把蜡烛和耀眼的探照灯摆在一起时，很难看到蜡烛的光一样。类星体之所以能如此明亮，人们认为是由于它们在吞下星系内部区域的恒星时释放出了大量的能量。而且，人们还认为，所有的大型星系（包括我们自己所处的银河系）的中心都有一个黑洞，尽管在许多情况下，这个黑洞不再是活跃的，因为它已经将附近的一切物质吞噬殆尽。

　　迄今为止，关于黑洞流行的观点是，它是坍塌的恒星，其质量超不过太阳的数倍。现在我们有必要仔细关注一下黑洞这种恶魔的更详细的特性。黑洞是大量物质聚集在一起，其引力极为强大，任何物质，甚至是光，都无法摆脱它的束缚。诚然，制造黑洞的一个途径是把数个太阳质量的东西（任何东西）挤到一起，压缩到直径几千米以内。一些恒星在生命终结时就会出现这种情况，而且现在已经发现，在我们的银河系存在许多此类黑洞 —— 称作"恒星质量"黑洞（"stellar-mass"black holes），这名字起得很符合逻辑。但是，制造一个非常庞大的物体，即使其整体密度相当低，也能形成黑洞。几百万颗像太阳一样的恒星集中到一个半径和太阳系（以从太阳到海王星轨道计算）差不多的范围内（就像1口袋弹珠一样），其密度仅仅和地球上的海洋一样，但它仍能成为一个黑洞。没有什么物质能够逃脱它的控制。这是一种超大质量黑洞（supermassive black hole），规模只有太阳系那么大，位于星系的中心，并为类星体提供能量。

这种黑洞拥有强大的引力，将物质吸引到自身。但是对于受到引力影响的大量物质来说，很难进入黑洞，因为黑洞的表面积太小了。因此，受到吸引的物质堆积在黑洞周围，形成一个旋转的圆盘，逐渐汇集进入黑洞。圆盘中的材料运行速度很快，因为是在强烈的引力的影响下。它们形成旋涡，随着原子相互碰撞，变得越来越热。这会把引力能量转换成热、光、无线电和X射线，所有这一切都使类星体变得明亮，直到其来源物质消耗殆尽。这个过程的能量转换效率很高，即将落入黑洞的物质中，有一半以上的质量按照爱因斯坦的著名方程转换成辐射能，每年黑洞只需吞下约1个太阳质量的材料就能保持其光辉。但是最终，它的燃料供应将耗尽，并且现如今，在我们附近的宇宙中，很少有类星体仍然处于活跃状态。

这种黑洞肯定是宇宙早期历史上的结构产生的重要的种子，而且这种结构演变迅速，表明在重组之后最早的一刻，黑洞就已经存在，而且可能是通过我们尚未完全了解的过程产生的，这涉及了暗物质的作用，因为那时宇宙还没有冷却到足以让重子物质坍缩形成恒星和星系。观测类星体发现其红移达到了6.5，表明目前宇宙中所存在的最大的黑洞（或许包含10亿个太阳的质量）在宇宙大爆炸发生10亿年后已经存在了，当时宇宙的年龄还不到现在年龄的1/10。但是，对于星系和类星体，我们目前也只能看这么远了。现在是时候讨论一下，在大爆炸之后，宇宙的结构是如何产生的了。虽然我们必须承认，这里面还有很多猜想的成分。

　　直到大爆炸发生后2000万年，红移为100，宇宙仍然非常平滑，但是从那以后，其内在结构开始迅速成长。冷暗物质最有可能的候选粒子（下一章会有更详细的讨论）是一种质量大约是质子质量100倍的粒子。[1] 它们只能通过重力与重子相互作用，或是碰巧撞上一个重子，会对其产生敲击。在红移为100的时空，重子还太热，无法坍缩形成致密的天体。但是计算机模拟表明，冷暗物质粒子会很快在引力作用下发生崩溃，从出现在背景辐射的涟漪出发，直到红移为25至50时，它们已经形成球状的暗物质云，质量相当于地球，但体积相当于太阳系，每个暗物质云的大多数质量都集中在中心。然后，这些云会由于彼此间的引力集中在一起，抵制宇宙的膨胀，形成云团，以及云团的云团，循环往复，其中大多数质量都集中在中心。

　　到了这时候，重子已经冷却到足以发生坍缩，暗物质坑洞也发育完全了 —— 在这些大型的暗物质云的中心形成了黑洞 —— 这样重子物质就流向暗物质集中的地区，形成恒星和星系。这种情形很好地解释了质量是太阳的几百万倍（如球形恒星团）到几十亿倍（如银河系这样的星系）的物体，以及比星系的规模仍要大数以万倍的结构（超星系团）为何能存在。计算还表明，大量的原始地球质量的暗物质云应该能够生存至今，在银河系周围的暗物质球形环中，有多达1000万亿（10^{15}）这样的暗物质云。在这些云中，暗物质粒子之间的相互作用会产生大量的伽马射线，在地球上很难探测到它们，因为它们太微弱了。但是在大约2012年之前，下一代的卫星或许将能够探测到它们。计算表明，即使在红移为6.5的时空，大爆炸之后几乎10亿多年，

---

1. 对宇宙结构模式的观测表明，冷暗物质粒子的质量必须小于质子质量的500倍（小于500电子伏特），而加速器实验已经排除了任何质量小于40电子伏特的可能。

在重组之后，应该有足够的时间使这一自下而上的进程发生，产生了质量相当于10亿颗太阳的黑洞，它们嵌在质量约为1万亿个太阳质量的暗物质环中。重子物质不断跌入黑洞，为类星体提供能源，而在远离这些物体的地方，在重子云中会形成恒星。但是在宇宙现有时间内，如果中央黑洞的质量相当于至少100万个太阳质量，则只能形成像银河系这样规模的结构。让宇宙理论学家欣慰的是，银河系中心的黑洞的质量是太阳质量的大约300万倍。

我们现在在宇宙中看到的各种各样的星系，主要是由于合并形成的。在许多星系团中都会发生星系碰撞和相互作用，无须讨论其细节，就能很容易看出来，大型的物质云团会自然地稳定下来，随着自身的旋转，形成盘状的结构，就像我们的银河系一样。如果星系之间靠得太近，更大的星系会吞噬小的星系。但是星系盘的碰撞，也许包括其中心黑洞的合并，可以导致恒星的形成，吸收掉圆盘中的物质，形成椭圆星系。以这种方式形成的椭圆星系，在事件平息后，随着越来越多的重子物质围绕在中央隆起周围，可能"生长"出新的星盘。小的不规则星系只是早期宇宙遗留下来的 —— 正如大家所预计的那样，观测表明，宇宙年轻的时候比现在拥有更多的小星系。它们逐渐被吞没兼并，形成了我们今天看到的大型星系。

宇宙中最大的星系都是椭圆星系，其中一些真的是非常之大。所有的星系中，大约60%的都是椭圆星系，但是其中最大的包含多达1万亿（10^{12}）个太阳的质量，因此椭圆星系所含有的重子的比例比我们想象的更高。实际上，整个宇宙中恒星总质量的3/4是以这种形式存在于这些巨型椭圆星系中的，其红移为1.5或更多。但是，从其恒星的颜色可以判断，很显然，它们那时已经是古老的恒星了，而且其中的一些形成于红移为 4 或 5 的时空，或者，至少是合并形成这些星系的部分物质是在红移为 4 或 5 的时候形成的。

　　我们的银河系的年龄似乎是 100 亿岁多一点；但是太阳和太阳系的年龄还不到银河系的一半，大约是 45 亿年。显然，恒星形成持续到第一个星系形成之后很久。的确，直到如今，我们仍可以看到在银河系有新的恒星形成。这一现象的存在为我们提供了一种便利，帮助我们理解恒星是如何而来的。特别是，它可以帮助我们了解我们生活在其中的太阳系是如何开始的。但是，在我们离开宇宙这个大话题，开始重点关注这个特别能引起我们的兴趣的主题之前，还有一件事情必须解决。正如我们所说的那样，把观测结果、计算机模拟和理论综合起来，我们就知道，宇宙中所有物质的总和，只是使宇宙保持扁平所需的物质的 30％。但是，同样的综合思考告诉我们，宇宙**的确是**扁平的！如果它是开放型的，那么它会迅速解体，无法形成像银河系这样的星系，我们也就不会在这里思考万物是如何发端的了。那么，剩下的 70％ 的物质是怎么回事？什么使宇宙结合在一起？

第 6 章
什么使宇宙结合在一起？

宇宙学家最初意识到宇宙中除了眼睛能看见的物质之外还有其他物质，甚至是加上黑暗的重子物质之外仍无法解释宇宙中所有物质的总量时，他们自然而然想到的第一个假设，是宇宙中肯定还存在非重子形式的物质，以某种奇怪的粒子或粒子团的形式，飘荡在可视的恒星和星系之间。随着此后对宇宙的观测不断深入，这一假定渐渐确立，强烈表明宇宙中确实存在一种奇怪的暗物质。但是，这些观测同样表明，即便把这些重子和奇怪的粒子的最大值加在一起，仍无法使宇宙呈扁平状，因此宇宙中肯定还存在第三种东西，那就是暗能量。我们已经说过，把宇宙中包括重子和其他奇怪的粒子的所有物质都加起来，也仅仅达到了使宇宙保持扁平所需物质的30％。尽管如此，奇怪的暗物质仍然对宇宙得以构成起到了重要的作用（其作用比重子所起的作用强6～7倍），因此，我们要首先讨论一下暗物质，然后再去讨论暗能量。

在这些暗物质的总质量中，除了中微子占去了微不足道的一小部分，其余的肯定都是低温物质，也就是说它们的运动速度比光速低很多。研究者一般按照其属性将其称作"低温暗物质"（cold dark matter，缩写为CDM）。不过有些天文学家特别喜欢新造首字母缩写词，这些人将其称作 WIMP，意思是"弱相互作用有质量粒子"（Weakly Interacting Massive Particles）。[1] 这两个术语指的是同一种东西。不过虽然我们希望 CDM 能够简单一点，由同一种物质构成就好了，可实际的观测结果告诉我们，没有任何证据表明我们的愿望能够实现。我们现在所能了解的一切告诉我们，有可能存在多种不同的弱相互作用有质量粒子，只要它们的质量总和加起来能达到宇宙呈扁平状所需的 16%。事实上，物理学家目前能够想到的，只有两种有可能是其所说的 CDM 粒子。这可能是由于他们的想象力太不够，不过这也避免了让 CDM 粒子的局面变得过于复杂。CDM 可能由这两种粒子中的任意一种，或是两者混合构成，只要其总质量能达到关键的临界比例：26%。大家已经发现，现在我们已经进入了我们以为自己所了解的领域，而不再是我们所了解的领域，而且，随着我们开始讨论暗能量，情况会变得更加捉摸不定。

冷暗物质的第一种可能是所谓的轴子（axion）。这个名字很恰当，因为这种粒子的存在（假如它确实存在的话）与粒子的自旋这一属性有关。我们可以将其想象成小球绕自身的轴旋转，不过这种想象和量子世界的所有其他类比一样，只能说明部分问题，而非全部实情。凑巧的是，美国有一种洗衣粉的商标也是 Axion，提出 Axion 的物理学家正是从这种洗衣粉获得了灵感，想出了这么一个名字。可见，在给新发现的物质起名字的时候，像孩子一样兴奋莫名的，并不只是天文学家。

---

1. 他们所用的 Massive（巨大）一词，在这里的意思是它们"有一点"质量，并不是说它们特别重。

物理学家最初是在20世纪70年代末发现有必要引入Axion的概念，当时他们正竭尽全力试图搞清楚"量子色动力学"（QCD）的含义。该学说指出，某种粒子衰变违背了时间对称性的原则——换言之，该粒子衰变只能在单一时间方向上有效。这引起了物理学家的警觉，因为理论物理学最重要的基石之一，就是认为这样的相互作用从时间上将不论是"前进"还是"后退"都是一样的，就像是看一个球体滚动的录像，不论是正着放还是反着放，我们看不出区别。为了使该相互作用重新具有时间对称性，[1] 理论学家必须建立新的场论；正如量子世界里的所有场一样，这种场也必须和一种粒子建立联系——这里的粒子就是"轴子"。

这一模型的早期版本提出，轴子的质量相对而言较大，而且用不了几年，就能在加速器实验中测出来。可失败随之接踵而来。刚开始，人们想尽了各种办法，却无论如何也找不到轴子。到了20世纪80年代，QCD学说又引入了"大统一理论"（the Grand Unified Theories，缩写为GUTs），新的理论模型要求轴子的质量应该比预想的小得多，这又使得它变得越发的轻而难以直接测量到。有人将其戏称作"看不见的"轴子，许多物理学家则把它当作笑谈。为了解释一点点对称性破缺而发明这么一种轻得测都测不到的粒子，有什么意义吗？况且，无论如何，对称性破缺都是实际存在的。但是，当宇宙学家意识到需要存在暗物质时，轴子恰好是一种现成的粒子，填补了这一空缺。而且，后来人们发现，应用弦理论可以自然推导出存在有轴子。

---

1. 我必须承认，如果时间对称性出现这么微小的破缺，我个人倒不会感到灰心丧气。

　　弦理论的各个不同版本都预言，轴子还有另外一个关键属性，那就是，除了其质量极其微小之外，由于它是粒子相互作用而产生的，这些相互作用决定了它的速度比光速低许多。如果这些想法都正确无误，那么大爆炸中会产生大量的轴子，其产生时间大约与夸克被压缩形成质子和中子处于同一时期，但是轴子确实会成为**低温**暗物质粒子。因此，在早期宇宙中，轴子并不像中微子那样传遍整个空间并将早期结构抹平，而是会在其自身引力的作用下汇集成团，造成凹陷，使得重子物质陷落进去。这两种粒子**可能是**共同构成了所有的低温暗物质。

　　人们发现，测量**单个**轴子质量的最好办法，是通过天体物理学进行，而非粒子物理学。因为轴子只与重子发生微弱的相互作用，像中微子一样，它们可以轻而易举地穿越恒星的中心进入外部空间，不受任何阻碍。轴子脱离可以将能量带走，使恒星内核冷却。轴子越重，这种冷却过程就越有效（中微子的效用可以忽略不计）。如果每个轴子的质量超过 0.01 电子伏特（0.01eV），就会影响到恒星的外观以及某些古老恒星的爆发方式，使其像超新星那样产生可以被我们观测到的爆发。由于这些效应尚未从恒星中实际观测到，因此轴子的质量必然小于 0.01 电子伏特，或是电子质量的 0.002%。理论模型则指出，其质量可能还要小，小于 0.0001 电子伏特。因此，直到现在，在地球上的加速器实验中都没有找到轴子这一现实其实一点都不令人奇怪！

　　大家可能从我前面的语气中看出来，我对轴子不大感兴趣，虽然我们必须承认，它"**可以**"存在。我之所以对其不感兴趣，其中一个原因是，即便无形的轴子的确存在，我们恐怕也不可能探测到它。事实上，我只知道有一种认真的假设，告诉我们如何去搜索轴子。然而即便是这一提议，看上去也只是有成功的希望而已。

这一提议是建立在人们的一个希望上面，即通过探测轴子和电磁场之间极其微弱的相互作用来证实其存在。但是，这一希望，以及在可预见的将来探测轴子的现实可能性，都极其渺茫。尤其是当我们了解到，中微子已经是一种很少与其他东西发生相互作用的粒子，可是这种可能性已经是轴子相互作用可能性的100亿倍了，我们就更能体会为何探测轴子的希望如此渺茫了。尽管如此，相关理论仍然指出，轴子在极其偶然的情况下会与电磁场发生相互作用，产生一个光子，其波长取决于轴子的质量。而且由于存在（假如轴子存在的观念正确无误的话）大量的轴子，有朝一日我们就有可能发明相应的技术，探测到这种光子。可问题是，每100亿个轴子中才会有1个发生这种可探测到的相互作用，这就像探测单个中微子的概率一样小。

这件事情只存在一丝极其渺茫的希望。这是因为，所有光子的波长都极其近似。只不过，由于单个轴子穿过空间的动作所产生的蔓延，就像一束激光中的光子（只不过要弱许多许多），它们的影响会累积起来，产生可以测到的电磁波噪声，即在单一波长的频谱中，显示为一个凸起。这种探测器的原理是这样的：首先，我们需要一个金属盒子（物理学家称之为"空腔"），其大小正好让波长合适的光子在空腔中形成驻波——这与调整管风琴的声管使其发出某个音符的固定声波是同样的道理，只不过是应用在了电磁波上。这一腔体应该予以屏蔽，使其免受外界的干扰，而且要用液态氦冷却，使其接近绝对零度（−273℃），而且不能包含任何普通物质，只包含无法排除的中微子（好在这种粒子不会产生轴子所产生的那种信号）以及宇宙中存在的其他任何低温暗物质粒子，当然了，如果有轴子的话，也包含在内。用人类所能制造的最强的磁场充满盒子，调谐好灵敏的无线电探测器，收集轴子的信号。

如果空腔为立方体，边长1米，充满人类所能制造出的最强磁场后，预计轴子输出的功率也只不过有1瓦特的一亿亿亿分之一（10^{-24}）。为了更好地理解这一点，物理学家劳伦斯·克劳斯假设轴子探测器的体积像太阳那么大，其输出功率也只相当于60瓦的灯泡。因此，大多数富有理性的人并不指望会看到轴子存在的证据，而只是希望能探测到某种暗物质，这也没什么奇怪的。

好在对于抱有我们这种想法的人来说，低温暗物质（CDM）有更出色的候选人，它可以自然地（事实是不可避免地）从超对称性的概念中推导出来，而且如果它存在的话，一定会在不久的将来被发现。正如我们在第2章所看到的那样，超对称性（SUSY）意味着存在各种各样的超对称伙伴，其中每一种都对应一种已知的粒子，但是只有最轻的超对称伙伴（LSP）才是稳定的。这马上让我们想到，超对称伙伴是宇宙学家所能找到的很好的低温暗物质候选人。

这里只有一个小小的不便之处：就我们目前对超对称的了解而言，我们并不知道超对称伙伴到底是什么。它可能是光微子（photino，光子的超对称性伙伴），或引力微子（gravitino，引力子的超对称性伙伴），或其他的超对称性粒子。根据这一理论的某些版本，[1] 它甚至可以是两种或多种粒子的混合物，就像中微子一样。中微子在空间传播的时候，就是实验中探测到的3种中微子的混合物。但有一件事我们确实知道，那就是超对称伙伴没有电荷，因为如果它有电荷，就会很容易被发现 —— 甚至在天文学家感到有必要存在低温暗物质之前就已经被人发现了。因此，为了保证所有的选项都是可能的，超对称伙伴经常被称作"中性伴随子"［neutralino —— 换言之，就是"中性超对称性小粒子"（little neutral SUSY particle）］。中性伴随子这个名字指的不是任何具体的粒子，而是一个涵盖了所有的超对称伙伴的通用名。

虽然，最初的超对称性理论认为，中性伴随子的质量只有几GeV（大家可能还记得1GeV大约相当于1个质子，或1个氢原子的质量）。可是在加速器实验中我们至今未能制造出这些粒子，这说明它们的质量事实上应该超过50GeV。在其质量尺度的另一端，我们还可以根据宇宙学理论为其质量设定极限值。正如我们在第5章所看到的，大爆炸中一些额外粒子的存在（例如更多类型的中微子）加力向外推动宇宙，使得宇宙膨胀得**更快**。中性伴随子也会起到相同的效用，而且如果每颗中性伴随子的质量超过大约3000GeV，宇宙就会膨胀得过快，我们也就无法存在并在这里研究这些概念了。这并不是一个限制性很强的极限值，但是某些超对称性（理论物理学家倾向于将其看作经过改进的超对称性理论）理论表明其上限可能是这一极限的1/10，即大约300GeV，也就是氢原子质量的300倍左右。目前，人们最好

---

1. 对于这里，以及本书其他地方所使用的"理论"一词，我感到不太满意。假如我是在面向学术读者写作，我会更仔细地区分"理论"（它植根于坚实的实验和观察中）以及"模型"和"假设"等概念，后二者包含更多假想的意味。但是，在非科学家中间，"理论"一词也被广泛使用，我在这里使用的就是它的这种宽泛的含义。

的猜测是中性伴随子的质量大约在100 GeV到300 GeV之间（大约相当于地球上自然产生的最重的原子的质量；比如，铀原子核的质量就接近235 GeV）。让我们感到欣慰的是，下一代的加速器实验正好可以探测这一范围的粒子。这种加速器可能能够直接探测到暗物质，使其从假想的范畴变成科学上实际存在的物质。

如果以低温暗物质形式存在的物质比重子多7倍，而且每个低温暗物质粒子的质量是140 GeV，那么，由于重子的平均质量大约是1 GeV，宇宙中每20个重子就有一个中性伴随子。如果它们是均匀地分布在宇宙空间，那就意味着每4立方米空间里只有1个中性伴随子——但是，我们也已看到，它们也肯定像宇宙中发光的物质一样聚集在一起，因此穿过地球和我们的实验室（实际上也穿过了我们的身体）的中性伴随子应该比平均状态要多，应该能够被探测到。

如果中性伴随子的质量在我们预计的最低端，除了在大型强子对撞机（LHC）中通过粒子碰撞从能量中获取中性伴随子之外，我们还有两种办法可以在实验室里探测中性伴随子。这两种办法都取决于这样一个现象：要想让重子"注意到"中性伴随子的存在（不包括通过引力而发现），只有当中性伴随子与原子的原子核发生碰撞，并从上面弹开。对于和中性伴随子质量相当的原子来说，这种碰撞后的分散更像是两个桌球的碰撞效果，被撞击的原子核发生卷曲，而撞击的中性伴随子则沿新的方向运动。如果被撞击的原子是非常有序排列成有规则的形状，那么这种事件就极有可能产生能被我们观测到的效应。为了最大限度降低这种晶格中原子的自然振动，我们需要将其降低到仅比绝对零度（-273℃）高一点的温度。而且为了减少其他的干扰

（例如，宇宙射线），它还必须与外界屏蔽。所有这些要求都极难做到。不过一旦条件满足了，那么我们就可能可以开始讨论如何探测中性伴随子了。

如果中性伴随子和原子核的碰撞 —— 基本上和桌球的碰撞一样 —— 在超级冷冻且经过屏蔽的晶体中（比如硅或者锗）发生，那么，理论上讲，我们可能探测到两种效应。一种效应是原子卷曲可能会引起附近原子的振动，产生一波极小的涟漪，从晶体中传过，产生极微弱的声波。如果晶体材料上覆盖着一层超导材料，那么传递到超导体的声波就可以测量到。晶体的原子结构是由电磁力组织在一起的，就好像每个原子都是通过橡皮筋和身边的原子连在一起。大家可以想象，当声波穿过晶体的时候，这些橡皮筋都会发生振动。人们已经用特制的硅，使用"常规"的放射进行撞击证明了这一技术是有效的，但是尚未能用它来探测到中性伴随子。

还有一种办法来探测中性伴随子：使用普通的原子，将其构成的晶体进行超级冷冻，用来检测中性伴随子碰撞后温度的变化。因为中性伴随子的运动首先会让"目标"原子核发生卷曲，随后，这种能量通过原子之间的"橡皮筋"的振动，让它周围的原子发生不规则、无序的运动。通过这种方式释放的能量只有几KeV，因此一个中性伴随子撞击到一小片硅上引起的温度升高只有1度的几千分之一 —— 不过如果目标样品的温度已经降低到了仅比绝对零度高千分之几度，那么这种温度变化将意味着晶体的温度会增加1倍！另外，测量如此精细温度变化的技术也已经经过了验证，而且确实有效。并且，这一次已经有人宣称（不过是未经证实的）探测到了暗物质的"信号"。

　　人们曾经以为该实验发现了称作 DAMA（是"暗物质"的英文单词 DArk MAtter 的各前两个字母组成的）的暗物质粒子。该实验是在意大利的格朗达·萨索（Grand Sasso）的一个矿山里进行的，它位于亚平宁山脉之中，与外界隔绝。根据 21 世纪初公布的数据，实验用的探测器围绕碘化钠的晶体建造，已经运行了数年，以显示因季节而产生的波动。之所以会有季节间的波动，一个可能的解释是，由于地球绕太阳转动，在太阳的一面，地球是迎着我们星系中的中性伴随子运行；而当运行到了太阳的另一方面，则是与中性伴随子同向运行。这就像是撞车一样，迎头相撞会产生更多的能量；而追尾产生的能量则较少，因此中性伴随子实验会显示出季节性的变化。DAMA 小组宣称还探测到了中性伴随子的质量在 45 GeV 到 75 GeV 之间。可惜（或许是值得庆幸的，因为该实验测算的质量很低），其他本应和 DAMA 精度一样高的实验［其中包括一项称作"低温暗物质搜索"（the Cold Dark Matter Search，简称 CDMS）］的实验，使用的是锗和硅，探测器安放在美国明尼苏达州的一个矿井中，却没有获得这样的效果。

　　在我看来，这种类型的探测器是最有可能找到低温暗物质粒子的，而且这一天已经为期不远了。其中，我比较看好的一个实验位于约克郡布尔拜（Boulby）的一个矿井中。既然我们有可能很快就探测到中性伴随子，看来还值得对其仔细描述一番。

　　由于这种暗物质的候选对象（中性伴随子）只具有微弱的相互作用，对于重达 10 千克的物质，其原子核与这样的一个粒子发生碰撞的概率在一天之中只有一次。虽然在我们周围重子构成的宇宙射线远远少于中性伴随子射线，但由于重子能更容易地与常规物质发生作用，因此会产生更多的碰撞。也正是由于这一原因，布尔拜的实验才放置在盐矿的深井中。这是欧洲最深的矿井，位于地下1.1千米处。来自太空的宇宙射线只有百万分之一的概率穿越矿井上面的岩层。但是对于地表上每秒钟10亿次左右的大质量弱相互作用粒子（WIMP）射线来说，只有3个会与矿井上方的岩层中的原子核发生碰撞，而且它们无法被完全阻挡，只能被减速。

即便是这样的"过滤"也不足以将背景噪声的水平（相当于听收音机中波时的静电噪声）降低到探测器中暗物质发生事件的相等水平，此外我们还必须考虑到岩层所具有的自然放射性带来的干扰。不过，这类放射中，有许多都能被包裹探测器的屏蔽材料所吸收 —— 常规的铅、铜、石蜡或聚乙烯 —— 或是把探测器置于200吨纯水中。这么多的水（仅仅为了起到屏蔽的作用）的容积是20万升，相当于奥林匹克标准游泳池容积的1/10，或是第5章所提到的中微子探测器体积的一半。

即便在采取了所有上述措施后，系统中仍会存在背景噪声，因此，实验的最后一步是利用探测器以及统计学技术，将能够区分的由背景噪声以及原子卷曲造成的事件剥离出来，只留下中性伴随子碰撞造成的事件。此时，我们就可以使用上文所介绍的声波探测技术以及温度探测技术了。

虽然存在这么多的困难，布尔拜小组最关心的却不是他们的探测器也许会失败，而是大型强子对撞机（LHC）团队或许会先他们获得中性伴随子。根据其实际质量，中性伴随子可能能够在21世纪第一个

10年结束之前，从欧洲原子核研究中心的对撞机所发出的质子流的碰撞中产生出来。但是，更重的粒子却很难制造。如果中性伴随子的质量像更受人欢迎的超对称性理论所预言的那样，那么布尔拜矿井中的探测器，或是世界其他地方的同类探测器，就有可能首先探测到它。

　　即便是布尔拜实验，或是其他的暗物质实验找到了行踪飘忽不定的中性伴随子，我们也只是知道了使宇宙平滑所需的所有物质的30％。到20世纪90年代中期，通过对比模拟星系集群与真正的宇宙图，我们已经弄清楚，聚集在一起形成像星系一样天体的物质，有可能不超过宇宙呈平坦状态所需密度的30％物质（重子或其他粒子），而且，宇宙暴涨理论也明确要求宇宙必须是平坦的。在任何一种情况下，正如我们在第3章所探讨的，许多宇宙学家长期以来就感到，宇宙必须是平坦的，因为任何偏离平坦的状态，都会随着宇宙在大爆炸之后出现指数级的膨胀。在20世纪60年代，我还是个学生的时候，这一论点令我印象尤其深刻。任何人，只要赞同这一看法，就不得不自动地承认，宇宙另外的其他70％必须是一种拥有完全统一形式的不成团的东西，它对星系的形成没有什么大的影响，因为它没有"凹陷"，不过它确实对时空结构产生了影响。令这些宇宙学家高兴的是，爱因斯坦早在1917年就发现了完全符合这些条件的东西——尽管他是因为错误的原因而发现它的，而且他在后来又彻底放弃了这个发现。

　　爱因斯坦于1916年完成了广义相对论。这一理论描述的是空间和时间之间通过引力进行相互作用的问题。该理论一完成，他所做的第一件事就是用它来对涉及物质、空间和时间的最大对象——宇

宙 —— 进行数学描述。[1] 这些都发生在1917年，当时许多科学家仍认为我们的银河系就是整个宇宙，而当时被称为星云的暗弱光斑还没有被确定为是银河系以外的其他星系。当时人们一致的看法是宇宙从根本上讲是静态的、不变的 —— 个别的恒星可能会诞生，度过自身的生命周期然后死亡（如森林中的每一棵树），但银河系这整个"森林"将永远保持大致相同的整体外观。爱因斯坦立即就碰了钉子。广义相对论方程最简单的形式不允许有任何存在静态宇宙的可能性。广义相对论的方程所描述的是不断扩大的宇宙，在这个模型中，引力的作用是使扩张缓慢减速；此外，还有一个坍缩的宇宙模型，其中重力的作用是加速崩溃。但是这些方程无法描述处于这两个情景之间的"刀口之上"的宇宙。拥有这样一个稳态宇宙的唯一办法，是假设宇宙中存在一种对抗引力的力，这种力将抵消掉引力的作用，使宇宙中的一切都悬在那里，处于膨胀和坍缩之间的刀口之上。但是只需给方程中加入一个极微小的协调量（爱因斯坦称之为宇宙常数）就会使平衡变得可能。[2] 虽然爱因斯坦从来没有这样说过，但宇宙常数实际上是一种反引力，或反引力场，充斥了整个宇宙。方程中显示的数字原则上讲可以是任何值，只要它不变就行，爱因斯坦用希腊字母"拉姆达"（λ）为其命名。但是要想让宇宙模型呈现为静态的，λ 只能有一个特殊的值。

但是爱因斯坦为方程式加入宇宙常数还不到10年，美国天文学家埃德温·哈勃（Edwin Hubble）就已经证明在银河系之外还有

---

1. 人们有一种感觉，广义相对论只有在描述完整的宇宙的时候才是完美无缺的，不存在边缘（没有边界条件），因此他这样做也是非常自然的。
2. 宇宙常数确实是对方程所做的最简单补充，是所谓的"积分常数"的一个实例。

其他的星系。到20世纪30年代初，哈勃与米尔顿·赫马森（Milton Humason）合作，根据这些河外星系的红移现象，发现宇宙在膨胀。很显然，宇宙不是静态的。爱因斯坦得知后立即就放弃了宇宙常数，不过从那以来，一直还有一些宇宙学家对数学而不是对数学方程式是否准确描述了我们生活在其中的宇宙这一事实更感兴趣。他们继续研究方程的不同变化形式。

像所有的场一样，λ 场也具有能量，而能量和质量转换可以扭曲时空。因此，λ 场有助于让时空变得平坦，同时还起到反引力的作用，或是让宇宙膨胀得更快。到20世纪90年代中期，科学家发现，为了使他们的模拟能与真正的宇宙相匹配，他们模型的构成需要满足这些条件：重子占4%，冷暗物质占26%，此外还有70%别的平坦的东西。此时，上述想法开始伺机而动。如果这所谓的"别的东西"是 λ 场，那么模拟结果就能完美匹配所观察的宇宙，此外一切也都能纳入广义相对论的框架。该模型被称为" λ 冷暗物质模型"（λ CDM），被认为是一个巨大的成功，至少专家们都是这么看的。对于重拾爱因斯坦已经抛弃的想法是否合适，有些人持有疑虑。另外，在酷爱模型的人之外，一些天文学家还不太确定模型的建立过程究竟有多精确。而且所有这一切还引出一个奇怪的，但有趣的预言——它奇怪至极，弄得很少有人讨论它。如果确实存在一个 λ 场充满了我们的宇宙，其总能量相当于重子和冷暗物质能量总和的2倍，那么它的斥力作用在可观测到的宇宙边缘应该有显著的效果——随着宇宙年龄增加，它应当使宇宙膨胀速度加快，因为其反引力效应应该开始超过引力，占主导地位。

问题是，宇宙常数就是这样——它是不变的。另外，它还非常小。但是，重力服从平方反比定律，距离越远，引力也越来越弱。当宇宙还年轻的时候，物质比现在更紧密地挤在一起，当时引力非常强大，超过了 λ 的力。但是，随着宇宙膨胀，密度变小，引力的作用稳步变弱，直到变得比 λ 力还弱。从那个时候开始，重力无法再减缓宇宙的膨胀，λ 力开始起作用，加快宇宙的膨胀。但是，起初几乎没有人对 λ 冷暗物质模型的这一含义多加思考，而且对来自完全不同背景，以及钟爱不同星系模型的科学家来说，这一含义根本没有进入他们的头脑。20世纪90年代末，这些人都在试图测量极其遥远的超新星爆炸的距离。

试图通过测量宇宙中越来越遥远物体的距离来拓展整个宇宙的规模，这一光荣传统可追溯到哈勃本人。正是哈勃发现了某个星系发出的光产生的红移，与它跟我们之间的距离成正比——但是为了发现这一点，他需要使用各种其他技术，测量相对较近的星系的距离。对宇宙星际距离进行校准非常困难，因为更遥远的星系的光芒也更暗，研究起来很困难。该项目直到20世纪90年代末才真正完成，所观测的星系也远远超过了哈勃所能观测到的任何星系。而研究者所使用的工具则是以他的名字命名的"哈勃太空望远镜"。这里还存在另一微妙之处。所谓的"哈勃定律"的最简单的形式，只适用于以不到光速1/3的速度离我们远去的星系，其相对的红移是0.3。

对于较小的红移，这种变化可以被看作星系离开速度除以光速——因此红移值为0.1，也就意味着该星系是在以光速的1/10远去。但是，红移为1并不意味着该星系是以光速在退离，因为红移关系实际上是非线性的。正如我们在前面提到的，哈勃没有注意到这一点，因为他的观测所能看到的红移现象，只相当于光速的百分之几。我们可以用广义相对论计算出红移与距离的确切关系（爱因斯坦在引入宇宙常数的时候，忽视了广义相对论的这一预言功能），这种计算可以考虑到两者之间存在的非线性关系。严格地说，非线性适用于所有的红移，但是对于较小的红移来说，需要做的更正极小，基本上无需考虑。依照非线性关系，红移为2对应的退离速度为光速的80％（而不是光速的2倍！），而红移为4对应的则"仅仅"是光速的92％。要想让退离速度达到光速，那么红移的值就必须是无限大。正如我们已经提到的，微波背景辐射的红移约为1000，这意味着从线性角度衡量，宇宙现在的尺寸比该辐射发出的时候（即大爆炸几十万年后）大1000倍。

测量那些距离可以用其他方式来确定的远距离物体的红移，成了科学家永无止境的追求。20世纪90年代，许多天文学研究小组开始利用最新的望远镜技术研究被称为超新星的恒星爆炸所发出的光。超新星是人们见过的普通恒星发出的最大规模的爆发。这一切发生在一些恒星的生命即将结束的时候，那时恒星会坍缩，释放出巨大的引力能，这种能力转换成光以及其他辐射，将恒星打碎。在一个短暂的时间内，一个单一的恒星以这种方式爆炸，释放出的能量相当于整个银河系内所有的恒星释放的能量（它所发出的光会超过1000亿颗太阳），因此，这些明亮的"灯塔"在宇宙很远的地方都能看到。超新星有几种不同类型，但是对附近星系的这些恒星爆炸（其距离已经众所周知）所作的研究表明，其中的一种称作SN iA（名字来自"Supernova iA"）的超新星的峰值亮度总是相同。这意味着，如果这类超新星爆发出现在一个非常遥远的星系，那么可以对比其目视亮度和本征亮度，计算出它的距离。然后，将这一直接测量出的距离与红移进行对比，校准非常遥远的天体的距离尺度 —— 在这种情况下，"非常遥远"对应红移值大约为1的情况（当宇宙还只有其目前的一半大小的时候），不过，创纪录的星系的红移值是惊人的10。

进行了这些观测之后，研究人员发现，SN iA超新星红移值很高的时候，其亮度比按照广义相对论计算出的它们"应该"有的亮度略暗。对此，其中的一种解释是，这些超新星所处的星系实际上都比根据广义相对论计算出的距离更远一点。但是，要想让观测结果与计算结果相符，只需对广义相对论作一简单的调整。新增很小的一个宇宙常数，将使宇宙膨胀得快一点，这样就使这些星系在宇宙大爆炸之后运行到离我们更远一些的地方了。换言之，宇宙的膨胀正在加速。

宇宙膨胀加速这一发现成了1998年的头条新闻（《科学》杂志称赞它是"年度突破"），许多报道（甚至包括科学期刊）都暗示宇宙学撞了南墙，并说宇宙学家对此倍感困惑。许多宇宙学家只是把这当作新闻来看，他们一直都在试图找到为何宇宙的70%都不见踪影的解释，对他们来说，重新启用宇宙常数只不过是解决难题的最简单的办法。毕竟，从爱因斯坦时代起，宇宙常数的概念就被提出了，并且所有著名的宇宙学教科书都探讨过它。问题是，如同物理学的任何领域一样，λ场包含能量，能量可以转换为质量，而恰当的宇宙常数正是使宇宙保持平坦所需要的。可是了不起的是，为了解释超新星观测中所发现的高红移，我们需要一个同样的宇宙常数的值。至少对我来说，这件事真正令人惊讶的地方在于，竟然有这么多的天文学家对自己学科的历史竟然如此无知（即使是最晚近的历史！）。在相当长的一段时间内（近5年的时间，当然了，与宇宙的年龄相比这不算长），大家竟然都没有意识到问题的所有方面是多么的巧合，即使这确实要求我们对宇宙的本质和最终命运进行重新思考。

　　当然，我对此是有一点苛刻。尽管两个相当独立的研究发现了同样的效果，在其他可能的解释得到验证以及独立的支持性证据出现之前，天文学家对高红移超新星的结果持怀疑态度是正确的。举例来说，遥远的超新星之所以看起来昏暗，可能是因为受到了灰尘的遮挡，或者是由于在宇宙还年轻的时候超新星爆炸发出的亮度没那么大（这里要记住高红移对应更久远的过去）。现在这些可能性都已被排除在外，这主要是由于超新星的研究引起了科学家浓厚的兴趣。宇宙中70%的物质实际上以所谓的"暗能量"的形式存在，它还导致了宇宙的膨胀在加速，关于这两点的证据还包括了大尺度中星系运动方式的研究，利用卫星研究我们已经讨论过的微波背景辐射，[1] 此外还有一种技术也妙不可言，该技术观测微波辐射穿过由于星系团的存在而产生的太空中的凹痕，就像光通过一个玻璃透镜发出一样。将这种辐射波长上的微小变化与不经过凹陷到达我们这里的背景辐射进行对比，我们发现，即便是在星系团中，这些凹陷也要比没有轻微的反引力作用的情况下的要浅。此外还有一个对红移为1.76的iA类超新星的观测结果符合对宇宙膨胀加速的预测，但不符合其他的解释，如灰尘的影响等。这一观测（希望这是许多个即将被观测到的这种红移里的第一个）恰好符合这种观点：宇宙的膨胀在宇宙大爆炸之后40亿到50亿年内减缓了，

1. 被称作是完全萨克斯–瓦福效应（integrated Sachs-Wolfe effect）。

然后又开始加快。[1] 表明使宇宙变得平坦的原因实际上主要是暗能量，这样的证据已经不容置疑。这就要求我们回答什么是暗能量。

最简单和最自然的猜测是，它确实是爱因斯坦提出的宇宙常数——但迄今为止，这只是一个有思想的人所做的猜测。λ 场如果确实存在，它最重要的特点就是它确实是不变的，而且从宇宙大爆炸以来就具有同样的力。换言之，因为宇宙常数是空间本身的一个属性，虽然宇宙在膨胀，但在每立方厘米的空间中这样的暗能量的值保持不变，而物质密度（不论是"明"物质还是暗物质）则随宇宙膨胀而下降。在大爆炸的火球中，当物质密度相当于现在原子核的密度时，宇宙常数对宇宙膨胀的影响微不足道。在数十亿年的时间里，占主导地位的影响是物质的引力，它所起的作用是减缓宇宙的膨胀速度。但是，随着时间的推移，这种效应逐渐变弱，但是伴随 λ 场的宇宙斥力却保持不变。如今，物质的密度已经稀薄到只有 λ 场密度的一半了，λ 场刚刚开始（几十亿年前）变成膨胀过程的占主导地位的因素，超过了物质引力的影响，加速宇宙的膨胀。这是一个非常有趣的，而且有可能意义重大的事件（我们稍后会回到这个问题上），我们恰好处于宇宙整个生命的唯一时刻，可以注意到一些现象，表明物质和暗能量处于大致平衡状态。

现在要想使宇宙平坦所需要的密度，平均到整个宇宙，大约是 10^{-29} 克每立方厘米。这相当于如果原子都分散均匀的话，在每立方

---

1. 顺便说一句，如果宇宙的膨胀正在加速，那么宇宙的年龄应该略微（只是略微）超过138亿年。计算这一年龄的时候是假设宇宙膨胀没有加速，但如果宇宙现在膨胀的速度比过去加快了，那么它过去膨胀的速度更慢，因此必须经过更长的时间才达到目前的规模。

米的空间中有 5 个氢原子。但是物质（包括明的和暗的）是集结成团块状的，密度比这要大得多，因此留下了密度很低的空白区域。然而 λ 场与此相反，它是均匀散布在宇宙中的，所以每立方厘米包含的能量略低于 10^{-29} 克，包括那些"空"的空间中也一样。暗能量是如此之小，几乎不可能在实验室中侦测到，而且完全无法用作人类文明的一个潜在的能源来源 —— 整个地球包含的暗能量也只够提供某个美国公民在 2005 年的年平均电力消耗。在整个太阳系这么巨大的范围内，所有的暗能量加起来，也只相当于太阳本身在短短 3 个小时内辐射出的能量。但是，由于这种暗能量填满了宇宙的每立方厘米，它现在在大尺度上主导了宇宙的行为。[1]

　　除了宇宙常数的概念之外，还有一种概念受到一些天文学家和粒子物理学家的关注。这有可能是某种形式的暗能量，但却不是常数。所有这些暗能量的候选者都被称为"第五元素"（quintessence），因为它所涉及的场将是物理学所发现的第五种场力，其他四种是重力、电磁，以及强和弱核力。[2] 第五元素最重要的特点是，它一直都和物质保持了大致相同的密度，并随宇宙的膨胀，与物质的密度同样逐步减小，所以，它在宇宙大爆炸时的作用和现在一样重要（相对于物质），而且，我们所生活的时代，物质和暗能量有大致相同的密度，这并不是一个巧合。可是，为什么物质和暗能量会有大致相同的密度呢？

---

1. 而且如果周围没有引力的作用，它还会在小尺度上占据主导地位。一个空间内，如果完全没有任何物质，它仍然含有暗能量，该空间会以加速膨胀。如果我们把两个微小的粒子放入这个空间，它们会受到暗能量的推动，彼此越来越快地离开对方。
2. "第五元素"这一名称是从古希腊人那里借来的，古希腊人认为物质世界是由 4 种"元素"（火、土、空气和水）构成的，而把充满了宇宙空间的东西称作"第五元素"。他们认为这是一种完美的物质，因此，这个词后来也指"精华"的意思。

对粒子物理学家来说，想出一种新的场并找到数学方程来描述它们，并没有什么困难。只是当他们尝试将假想与现实进行匹配的时候困难才会出现。写下一套方程，描述一个"新"的量子场，让它充满整个宇宙，并起到一种压缩弹簧的作用，将宇宙向外推，这没什么难的。还有一个更狡猾的观点试图解释为什么我们生活的时代正好是宇宙膨胀开始加快的时候，这种观点称为"跟踪"场。当宇宙还被辐射主宰时，跟踪场会跟踪辐射的行为，该场本身的能量密度和辐射的能量密度的下降率相同。但是，当宇宙成为被物质主导之后，正如我们所描述的那样，跟踪场开始转而跟踪物质密度的不断变化。在此图景中，行星和恒星的形成是因为物质成为宇宙的主导而引发的，而且假如属性选择合适的话，在物质主导之后，跟踪场的反引力方面开始变得重要起来。因此，生活在行星上的人类毫不奇怪地生活在宇宙加速扩张的早期。

但这里关键的说法是"属性选择合适"。跟踪场以及第五元素的其他理论的自由度太高，要想挑选合适的属性并不容易。以物理学家的行话说，就是有太多的自由参数，你可以使它适合任何情况。因此整个事情错综复杂、人为斧凿痕迹浓厚，而且难以让人信服。M理论专家提出的建议也会遇到类似的难题，虽然这一理论的其他方面还都很吸引人。他们所提出的模型中，不是反引力在加速宇宙的膨胀，而是引力本身（以引力子的形式）随着时间的推移，有越来越多的引力子泄漏到我们的"膜"之外，使我们的宇宙对遥远星系的引力渐渐减弱。相比之下，宇宙常数是爱因斯坦的广义相对论中一种简单而且自然（有人会说也是不可避免的）的一部分。在广义相对论方程中，唯一的自由参数是 λ 场的能量密度，选择正确就能与观察到的宇宙膨胀加速和时空的平坦相匹配。关键的难题是，为什么 λ 场的能量密度这么小？

　　根据量子场论，要想解释为什么"空"的空间会包含能量并不是什么问题。难处在于如何解释它为什么不包含更多的能量。这种能量称作"真空能量"，在大统一理论和超对称性的背景下会自然产生。这些理论从未说过真空的能量必须为零，只是说它的能量必须是相同的，不管在什么地方。我们可以用高山湖泊来打一个比方。这就好像是说，理论指出湖面必须是平坦的，但是它并不一定与海平面持平，也不是必须处在任何特定的海拔高度。现在的问题是，"自然"的能量尺度对于解释平坦宇宙所需要的能量密度来讲过大了。例如，与量子引力伴随的这种真空能量，其能量密度为 10^{108} 电子伏特单位。电子伏特是粒子物理学家常用的一个单位。正是这种真空能量推动了宇宙膨胀，直到今天依然在起作用，只不过强度大大降低了。一些宇宙学家认为现在的宇宙的确是在经历一种较弱形式的膨胀 —— 这种看法听起来让人觉得很聪明，甚至有可能也是实情，但实际上对我们的理解却并没有任何助益。如果说它有任何贡献的话，就是它更加强调了现在宇宙的膨胀非常微弱这一令人迷惑的难题。即使是在与大统一理论相匹配的能量级上，其能量密度也只是 10^{96} 电子伏特，而最小的"自然"真空能量，按照已经被接受的超对称性理论，将只有 10^{44} 电子伏特。在这些单位中，真空的实际能量密度是 10^{-12} —— 换言之，即使是最小的"自然"真空能量密度也比观测到的真空能量密度大 10^{56} 倍。

　　抛开任何其他的考虑，即使真空能量与超对称性推论出的一样大，其产生的反引力作用也将撕裂物质的宇宙，而不会有任何像星系、恒星和行星等例外现象出现的可能。因此，直到SNiA观测结果出现之前，大多数粒子物理学家都假设存在某种宇宙的能量抑制机制，迫使所有的真空能量都下降到了零，而不留有一丁点儿残余。暗能量密度不是零，但确实非常小，这一事实确实成了让理论家头疼的难题。但是，对于这一问题，还有一个耐人寻味的研究线路，也有可能结出硕果。实际的真空能量大小差不多正合适，符合任何尚未观测到的对称性破缺，其能量相当于千分之几eV —— 正好是现在已知的中微子的能量。不过，这是迄今为止有可能解决这一问题的一个暗示，但也许机缘巧合，恰恰引导着我们走向了宇宙的深层真相（Deep Truth）。

在未来20年左右的时间里，通过新一代的卫星观测数千颗遥远的超新星，并通过欧洲核子研究中心与布尔拜等地的地面实验，许多这类问题应该得到解决。这种所谓的"新标准宇宙学"，可以概括为五点：

· 我们现在生活其中的宇宙来源自早期的一段急速膨胀的时期（暴涨），然后其膨胀速度减慢了下来。

· 今天的宇宙是平坦的，膨胀在加速。

· 现在宇宙中的不规则现象（星系、恒星和所有其他天体，包括我们人类自己）都是因为暴涨期间的量子涨落造成的。

· 宇宙是由大约70%的暗能量和30%的物质构成的。

· 宇宙中的物质，非重子暗物质比重子物质多大约7倍，只有10%的重子物质（占总宇宙总质能的0.4%）以明亮的

恒星的形式存在。总体而言，中微子和明亮的恒星贡献的
质量一样多。

因此，我们可以回答本章标题提出的问题了。现在，使宇宙结合为一体的主要是暗能量；但是似乎矛盾的一点是，如果宇宙加速膨胀下去，最终也将是暗能量将宇宙炸碎。但是，我们在这一切之中处于什么位置呢？智能生命出现在宇宙加速膨胀时代的早期，难道只是一个巧合？抑或，这一事实告诉了我们一个关于宇宙性质的深层真理？

我们的确生活在宇宙生命中一个特殊的时刻。以对宇宙膨胀加速的最简单的解释宇宙常数而言（"奥卡姆剃刀原理"也鼓励我们这样做），100亿年前红移为2，暗能量对宇宙密度的贡献只有10％。但是在100亿年后，暗能量将占到宇宙总密度的96％。在更早和更晚些时候，其间的差异更大 —— 例如，在重组（recombination）时期，物质的密度是暗能量密度的10亿倍。现在暗能量与物质对宇宙能量密度的贡献大致相同（差异只有1到2个小数点），这真的是怪事一桩。但至少这对于观测者来说有帮助。由物质主宰的减速膨胀宇宙变成由暗能量主宰的加速膨胀宇宙，红移从0.1变成了1.7，这便于我们用下一代的卫星探测器对这种变化进行观测。

与此同时，理论家对于暗能量和物质对平坦宇宙产生的差不多的贡献将继续发出疑问。如果宇宙常数真的是不变的常数，这就等于问为什么暗能量的密度如此之小。由于能量密度非常小，在很长时期内，λ场对宇宙膨胀的早期所产生的效用很小，即使宇宙正在不断扩大，恒星、星系和星系团还是形成了引力坍缩。我们将在下面的章节中看到，最初的恒星走过其生命周期，并为星系播撒出形成行星和生命的必要的原料，是需要时间的。然后，又过了更长的时间，智能生命出现在了其中至少一颗行星上。这一切发生的时候，宇宙的物质密度已经低于暗能量密度，而宇宙的加速膨胀也才刚刚开始能够被人注意到。但是，在宇宙不太遥远的未来，宇宙膨胀失控有可能让生命无法存活，而且无论怎么说，宇宙中都将变得一无所有，什么也看不到了。人类是一种有趣而复杂的实体，而且我们也生活在宇宙最有趣最复杂的时期之中，因为只有在这段时期之中，像我们这样的生物才可能存在。

但是，所有这一切只适用于非常小的暗能量密度。暗能量密度值超出这个范围，对于任何其他值，像我们这样有趣而复杂的事物就永远无法存在了。如果暗能量密度大，它会超过早期宇宙中物质的引力作用，在失控膨胀的宇宙中将物质变得日益稀薄，使得恒星、行星和人类永远不会形成。另一个极端的可能是 λ 场的值是**负数**。如果 λ 场值为正，对应的是暗能量与反引力；λ 场值为负，对应的是暗能量以及某种额外的正引力。除了物质引力之外再加上这样的效应，宇宙会很快坍塌向自身，恒星、行星和人类也无法形成。因此，现在宇宙学家面临宇宙常数的大小这一问题所感到的困惑，和上一代天文学家遇到宇宙是平坦的时候所感到的困惑一样，不明白宇宙为什么能够处于扩张和崩溃之间这种微妙的平衡状态。这一难题的解决到头来却是一个全新的概念，即暴涨理论。我猜想，对宇宙常数问题的解决最终也将是一种全新的东西，它到底是什么，现在任何人可能都还没有想到，而且这种理论会告诉我们关于宇宙性质的某种新的深层真相。不过，在这一伟大的想法产生之前，对如此的"巧合"最好的解释，来自一种被称为"人择宇宙论"的理论。一些科学家认为这是身处绝境中的权宜之计。不过我却比较喜欢它，而且对于宇宙为何是生命如此舒适的家园这一命题，这无疑是最好的解释。

　　人择原理背后的基本思路是，宇宙比我们可以看到的还要多许多，甚至可能是无限的多。所谓的多，并不是说在明亮的恒星有更多的暗物质，而是说在可观测宇宙之外，还有更多的时空。我们可以将这种"超级宇宙"称为"大宇宙"，以避免混淆。如果时空（大宇宙）是无限的，那么我们的膨胀的宇宙可能只是这一无垠的海洋里的一个泡沫，并且可能有许多的泡沫（甚至无穷多！）型的"宇宙"，每一个都出现了暴涨，但从我们的宇宙永远无法看到或触到它们。正如我们已经了解到的，我们的太阳系并不是唯一的，银河系也不是唯一的，也许现在是时候该认识到我们的宇宙可能也不是唯一的宇宙了。有些版本的暴涨理论暗示，在这种无限的时空海洋中必须存在无穷多个泡沫宇宙。人择理论则说，没有任何的物理定律规定宇宙常数应该具有特定的值，[1]因此不同的泡沫宇宙中的宇宙常数应该有不同的值。

　　在有些泡沫（宇宙）中，该常数的值较大，从宇宙形成时扩张就在加速，不会形成恒星、行星或人类。而在其他泡沫宇宙中，宇宙常数是负值，该泡沫在像生命等有趣的事发生之前就会崩溃坍塌。只有在某些具有较小的宇宙常数，而且其他条件也"恰到好处"的泡沫中，生命才会出现。总体而言，将会有多种可能的宇宙，我们则恰好生活在一个允许人类存在的宇宙中。

---

1. 与此完全等同的论点也适用于其他自然"常数"的讨论，但在这里不方便详细讨论人择宇宙论。

虽然人择宇宙论受到了暴涨理论以及发现的宇宙常数非常小这两者的推动，但是实际上这一理论有着悠久的历史。现代版的人择宇宙论是由英国的研究员布兰登·卡特（Brandon Carter）在20世纪70年代初提出的，虽然在此之前，伟大的物理学家弗雷德·霍伊尔（Fred Hoyle）在20世纪50年代曾使用过某种具体的人择论点产生了一个重要发现（我们将在下一章讨论此问题）。卡特在1973年波兰的一次会议上指出，"我们所能期望观测的内容，必须受到某种限制，限制条件就是人类必须存在并作为观察者"，到目前为止，这仍然是对人择原理最好、最简洁的阐述。但是，即使早在1903年，在他的《人在宇宙的地位》（Man's Place in the Universe）一书中，阿尔弗雷德·罗素·华莱士（Alfred Russel Wallace，他最知名的一点是独立发现了"达尔文的"自然选择进化论）写道：

> 我们知道自己周围存在着一个巨大而复杂的宇宙……这可能是为了产生一个适于生命演化的世界绝对必需的。

但是，要想进行人择观点的推理，我们无须遍览整个宇宙。例如，在我们的太阳系中，可能纯粹是由于机缘巧合，而非出于任何人择的意义，在靠近太阳周围的轨道上有4个岩石构成的行星（水星、金星、地球和火星），而不是3颗或5颗。没有任何根本性的原因规定地球上天文学家的产生和进化只能在有另外3个岩石行星存在的情况下进行。但是，为何天文学家在地球上演化产生了，而不是在其他3个岩石行星上，却是有根本性的原因。在我们所处的太阳系中，已经出现了某种人的"选择效应"。在这3个邻近的行星中 —— 金星、地球

和火星 —— 只有地球适合像我们现在这样的生命形式存在。像我们这样的生命形式只能生存在地球上，所以当我们环顾四周会毫不奇怪地发现，地球恰好是我们生活的星球。假设在某种意义上，宇宙有自己的选择，可以具有不同的物理性质，那么与此完全相同的逻辑会说，只有在像我们这样的适宜生命存在的宇宙中，像我们这样的生命形式才会出现，观察周围发生的一切，并测量像宇宙常数之类的事物 —— 这不仅仅是反复的唠叨，其他行星的例子就可以证明。既然我们都活着，因此这一论点还可以继续下去，我们会毫不奇怪地发现，我们生活在一个有利于生命的宇宙中，这一点并不比发现鱼类生活在水中更令人惊讶。

　　不论你是喜欢还是痛恨这个想法，这基本上是一个个人问题。即使是那些喜欢这一论点的人，如果发现存在一些根本的原因，能够解释暗能量的密度为何如此之小，也会感到很高兴。不过，问题的底线的是，我们**确实**存在，我们生活在一个年龄大约是140亿年的平坦的宇宙中，直到最近，这个宇宙中的暗能量开始超过引力，增大了膨胀的速率。考虑到宇宙的性质，我们是如何到这里来的呢？为了回答这个问题，我们首先必须知道构成我们自身的东西，以及除了氢和氦以外所有产生自大爆炸的重子物质，都来自何处。现在，我们暂时抛开宇宙这个整体，开始关注当宇宙还年轻的时候，我们自己的星系（以及数千亿个像它一样的星系）所发生的事情。

第 7 章
化学元素从何而来？

虽然阿尔弗雷德·罗素·华莱士在100多年前，尚不知道宇宙的真实面目和复杂程度，但是他关于地球上的生命和宇宙之间的关系的言论，时至今日，依然能引起我们的共鸣。在另一个以人类为中心的推理的例子中，一个非常巨大而古老的宇宙，有数十亿岁的年龄，似乎完全有可能是为像我们这样的生命形式提供"舞台"的一个必然的要求。我们确实存在这一事实，意味着每当我们仰望夜空，看到的必然是一个巨大而古老的宇宙。

这一推理的出发点是这样的：宇宙是平坦的、不断扩张的，而且拥有一个很小的宇宙常数，并且包含不规则性。这种不规则性是在引力影响下由于物质集合成团而产生的。为何有些物质团块形成了恒星、行星或人类？这里我列举这些事物的顺序非常重要，因为正如我在其他地方所强调的，[1] 生命早在恒星的形成过程阶段就开始形成了。我们是由各种不同的重子物质构成的，而不仅仅是氢和氦 —— 事实上，我们体内根本就没有氦。我们身体中的每一种元素，除了氢原子以外，都是在恒星内部制造出来的，而且这需要时间 —— 即宇宙不断扩张

---

1. 参见《星尘》（*Stardust*）。

的那一段时间。因此，我们的存在就要求宇宙必须是巨大且古老的。

人们对于化学元素如何得以在恒星内部制造出来的新见解是又一个典型例子，表明了在物理学上，把关于大尺度（大至恒星）的知识与小尺度（小至原子核）的知识结合起来会有怎样的威力。这一次，研究恒星的物理学 —— 天体物理学 —— 指向的是量子物理学的一个主要特点，即与波粒二象性联系的不确定性。

对一个物理学家而言，一颗恒星从外部看是一个简单的事物。它是由引力结合在一起的一个球，并由其核心产生的热量阻止其进一步坍塌，这种热产生向外的力，与引力持平。如果我们知道一颗恒星的亮度以及它的体积，就很容易计算出（这确实只需要中学程度的数学知识）它的内核应该有多热，才能防止它坍塌。至于那颗恒星是由什么构成的，或是它的能量来自何处，这些都无关紧要。关键是它必须有一定的内部温度，提供足够的压力来抵制引力的作用，并使其发光。由于太阳是一个相当普通的恒星，而且它与我们之间的距离很近，足以让我们研究其某些细节，因此，它是第一个被人类仔细观测过的恒星。不过，由于光谱学的发展，天文学家也可以测量其他恒星的温度；而且有赖于宇宙中还存在双星互相绕转的现象，许多情况下天文学家还可以测量它们的质量。

在 20 世纪 20 年代，天体物理学家已经能够进行简单的计算，确定像太阳一样的恒星中心的温度必须达到约 1500 万 K。使太阳光辉灿烂的唯一可能的能量来源，必然是按照爱因斯坦的方程 $E=mc^2$ 由质量转换为能量所获得的 —— 但是这里的质量 m 从何而来？那时，粒子物理学的技术已经足够成熟，可以比较精确地测量原子核的质量了，而且很明显，如果氢原子核聚合在一起形成较重的原子核，那么它可能（必然）会"失去"一定的质量。例如，由2个质子和2个中子构成的氦4的原子核，其质量是4.0026单位［这里将碳－12的原子核定义为12个原子质量单位（amu）］，但是4个独立的质子的总质量是4.0313amu。如果可以说服4个质子（氢核）结合在一起形成一个氦核，那么0.0287amu的质量将被以能量的形式释放 —— 这仅仅是4个原始质子总质量的0.7%。[1]

　　但是，这里有一个障碍。如果有办法把4个质子足够紧密地挤压在一起，强核力将占主导地位，将它们紧密结合在一起，并把2个电子驱逐出去（这一过程称为β衰变），产生1个单一的氦4原子核。实际上，正是强力将带有正电的质子结合在一起，虽然质子所带的正电荷相互之间是排斥的。但是，强力的作用范围很小。当2个质子相互靠近时，首先是它们的正电荷所产生的斥力变得足够强大，在强力有机会起作用之前就使它们彼此远离。除非在极端的条件下，强力才可能占领先机。为了让两个质子足够接近以便使强力发挥作用，将它们结合在一起，从而释放出1个正电子形成1个氘核，质子就必须以非常快的速度移动，这意味着必须将它们置于高温高压之下。我们已经看到，在大爆炸发生后最初的几分钟内存在这种情况，不过20世纪20年代时人们还不知道这一点。当时人们**确实**知道的是，当温度"只有"1500万度时，根据当时已知的物理定律，原子核无法按所需的方式发生聚变，为太阳和其他恒星提供能量。只有当人们发现了量子的

---

1. 如果我们极其严格精确，我们还要计算当2个质子转换成中子时产生的2个电子的质量；但每个电子的质量只1个质子质量的0.05%，所以以上的论点仍然有效。

不确定性 —— 一种新物理学 —— 才解决了这一难题。

量子不确定性告诉我们，像质子这样的实体，在空间没有一个确切的位置，而是以一种模糊的方式散布在空间。大家可以根据波粒二象性将这想象成"粒子"的波动属性。波在本质上是一种蔓延出的东西。所以，当2个质子靠近对方时，它们各自的波有可能叠加，虽然此时旧的物理学认为它们还没有触及对方。当两者的波以这种方式叠加时，强力就能够起作用，将质子更紧密结合起来（在弱相互作用的帮助下），迫使它们释放出1个电子。这个过程有时被称为"隧道效应"，因为根据经典物理学，2个带正电荷的粒子之间的电斥力是一个难以逾越的障碍，而质子似乎是在量子的不确定性的帮助下，通过隧道穿越了这一障碍（当然，这一情况对其他粒子也适用）。在20世纪20年代后期，量子不确定性被提出以来，人们发现这一理论恰好足以解释为何在太阳的核心有足够的质子会结合在一起，释放出足够的能量让太阳光辉四射。

这里或许值得提一下，与地球表面的日常条件相比，发生这样的核相互作用的条件是多么的极端。在核反应发生并转换生成能量的地方是太阳的核心，它的半径只占太阳半径的1/4，这意味着其体积只占整个太阳体积的1.5%。在这里，温度极高，电磁力无法将电子束缚在原子核上组成原子，而且原子核挤压的密度也相当于地球上固态铅的密度的12倍，或是水的密度的160倍。核心区域的压力是地球表面大气压力的3000亿倍。由于密度如此之高，太阳内部占其体积1.5%的核，实际上占到了太阳质量的一半。正如我们已经提到的，这里的温度最高达到了1500万K（其核心外缘的温度是约1300万K），但是由于原子核的体积远小于原子，即使在如此高的密度下，它们的行为几乎与在不那么极端的条件下气体（如诸位肺部的空气）原子的行为类似。它们快速移动，彼此反复碰撞。太阳的核心，恰似物理学家所描绘的所谓"完美"气体这种概念。

从人类的标准看，这些状况非常极端，但是比起宇宙大爆炸时的状况来，它们就不显得那么极端了。恒星核心与大爆炸相比的关键区别在于，前者在数百万甚至数百亿年里是保持不变的。而宇宙大爆炸几分钟就结束了，所谓的核合成进行不了多长时间。即使是在太阳的核心这种情况下，2个质子也只有在极为罕见的情况下才会发生正面碰撞，使它们足够接近彼此，发生隧道效应，在强力以及某种 β 衰变的作用下，制造出1个氘核，包含1个质子和1个中子。

物理学家花了20多年的工夫，才弄清楚了使太阳发光的核聚变过程的所有细节。例如，物理学家使用粒子加速器测量了质子相互碰撞时相互作用的方式的细节（碰撞的截面），并计算出这种生成氘核的碰撞在太阳核心发生的频率。当然了，我们这里可以略去所有这些工作的细节，直接谈一谈其发现的结果。虽然每1秒钟都有许多质子相撞事件，但是平均起来，某一单个的质子，每10亿年才能有机会和另1个质子相撞。因此，假设我们有20亿个质子，那么1年后，它们之中只有1对结合起来形成了1个氘核。

这种情况一旦发生，在大约1秒钟以内，第三个质子会附着到氘核上，形成氦3的原子核。当其他质子碰撞到氦3的原子核时，它们都会弹开。比起质子来，氦3的原子核较少，因此它们彼此相撞的机会较少。但是，一旦它们碰撞，却更容易聚合。氦3的原子核在太阳核心游荡大约100万年后，会遇到另一个氦3原子核，两者聚合形成氦4原子核，释放出2个质子。

这一连串的事件称作质子-质子连锁反应，整个由氢到氦的转换过程（不论通过什么手段）有时也被称为"氢燃烧"。经过10亿多年，最终的结果是4个质子合成1个氦4原子核并释放能量。[1] 对于每1个以这种方式制造的氦4原子核，0.048×10^{-27}千克的质量会消耗掉。太阳内核中有成千上万亿的粒子，每秒中也会发生无数的核聚变反应，因此，总体上，太阳每秒都会"失去"430万吨的质量，6亿吨氢转换成了不到5.96亿吨的氦。[2] 太阳上这样的反应已经进行了大约45亿年，迄今在这一过程中它释放的能量只相当于其初始状态下所拥有的氢的质量的万分之一都不到。这一比例是如此之低，大家应该不感到奇怪，因为每产生1个氦4原子核，只消耗4个质子原始质量的0.7%。即使太阳完全是由氢构成的（实际上不是），所有的氢都转化为氦4，它在这一过程中丧失的质量也只相当于其原始质量的0.7%。其实，这些数字真正要告诉我们的，是太阳究竟有多大！

所有这一切发生的速度都可以自我调节。如果太阳缩小一点，其核心的压力和温度将上涨，这样就会发生更多聚变，释放更多的能量。热量的增加将使太阳膨胀，从而降低了压力，并使其冷却。如果太阳扩大，其内核温度会降低，能量产生的速度将会减慢，这样它就会收

---

1. 这一过程还有一些"副链式反应"，涉及略微不同的相互作用。这是当1个氦3原子核碰到1个氦4原子核发生的反应，但是这些反应释放的能量只占总能量的一小部分。
2. 每秒钟太阳内部氢转变成氦的量，大体相当于北美密歇根湖的湖水中氢的总量。

缩，回到其稳定的体积。但是，当其核心的氢燃料耗尽（对太阳来说，核心的氢会在约40亿年的时间内耗尽），所有的一切都需要调整到一个新的稳定的平衡。

正如氢原子核（质子）可以聚合形成氦4原子核一样，氦原子核也可以聚合形成其他元素的原子核，只不过后续过程中释放出的能量会逐级减少。但是，这些恒星核合成过程所需的温度比质子－质子链更高，只要氢燃烧在进行，它们就不可能发生。虽然这事儿看上去似乎很矛盾，可实际上，氢燃烧确实使像太阳这样的恒星的核心变得相对凉爽。当所有的氢燃料耗尽时，首先会发生的事是恒星核心的压力下降，从而使恒星缩小。这会释放出引力能，使恒星核心温度升高，直到达到某一高度，使新的核聚变反应可以发生。这些反应释放的能量会使恒星重新在更高的内部温度和压力下稳定下来，只要新的燃料来源不断。

由于氦4原子核是一种特别稳定的核结构，在许多的这些相互作用中，它的行为就像一个整体。它有时被称为 α "粒子"。在恒星核合成的下一阶段中，较重的元素基本上是通过 α 粒子聚合在一起形成的。其后，有些原子核就可以吸收更多的质子，还有一些可能会释放出粒子，形成其他元素或同位素，而且大体上说来，比起其他重元素，含有4个核子的原子核（如碳12和氧16等）都特别稳定和常见。[1]

大家可能会猜测，在下一步的聚合过程中，1对氦4原子核将形成

---

1. 对天文学家来说，除了氢和氦，其他所有的都是 "重" 元素。此外他们还将除了氢和氦以外所有的元素称作 "金属"，这么做的目的大概只是激怒化学家。

铍 8 原子核。但是铍 8 却一反常规。这种元素非常不稳定，而且如果 2 个氦 4 原子核恰好发生碰撞，并以正确的方式结合，它们也只能存在很短的时间。这成了天体物理学家的一个大谜团，因为宇宙中有非常多的重于铍的元素，但是除了在恒星内部，没有任何其他地方能够形成这些元素。如何才能让恒星的核合成跳过铍，产生更重、更稳定的原子核？直到 20 世纪 50 年代，该难题才得以解决。当时弗雷德·霍伊尔（Fred Hoyle）灵光一现，想明白了碳 12 可以在恒星内部通过一个称作 3 α 过程，由 3 个氦 4 原子核构成。虽然这本书集中探讨的是 21 世纪的理念，而不是 20 世纪 50 年代古老的历史，但是霍伊尔的洞见极其深刻，而且与现代宇宙学思想息息相关，所以我们有必要稍稍离题一会儿，说说它的重要性。事实上，霍伊尔是第一个应用了以人类为中心的推理（并且是迄今最成功的）对物理世界做出预测的。

铍 8 原子核的寿命只有 10^{-19} 秒，但即使在如此短暂的时间里，当恒星内部的氢燃烧已经结束，在那种状况下，产生的某些铍原子仍有时间和 α 粒子核相撞。问题是，由于铍 8 极不稳定，这样的碰撞应该是将原子核打破，而不是将 3 个 α 粒子合在一起。

霍伊尔推理说，既然存在碳（最重要的是，从人类的角度来看，碳是像我们一样的生物存在的基础），那么就一定存在某种物理定律，不论铍 8 多么不稳定，也允许 3 个 α 粒子结合在一起。他当时是这样说的：“既然我们周围的自然世界到处都是碳，而且我们自己的生命也是以碳为基础的，恒星必然已经找到了一个非常有效的制造碳的途径，我也要努力找到它。"[1] 如果 3α 过程确实发生作用，就会形成碳12的原子核 —— 但是这里形成的碳12核有什么特性能阻止其立即解体吗？

霍伊尔知道，根据量子物理学，原子核通常以其最低能量状态存在（称为"基态"），但在适当条件下，它们能吸收量子能（如伽马射线光子），并进入所谓的"激发态"。经过很短的时间后，它们会释放出一个伽马射线光子，并返回到基态。这与一个原子吸收一个可见光光子，使得一个电子跃升到一个新的能量水平，然后电子再重新释放光子，返回到低能量状态的过程很相似。有一个比方可以很好地说明问题。我们可以想象小提琴或吉他的琴弦，平常它可以以正常的频率振动发出自然的（基本的）音，但是如果以正确的方法按压，同样一根弦也可以产生和谐的振动发出更高的音。

霍伊尔得出结论认为，在我们所讨论的恒星内部，3个α粒子只有在一种状况下才能结合到一起形成单个的碳12原子核，这一条件就是假如碳12核有和铍8的基态对应的自然"共振"，外加温度适当的α粒子进入时所携带的能量。这样，进入的α粒子的动能都将用来"激发"碳12的核，一个不剩，无法留下一个把它拆开。处于激发态的碳12核可以放射出一个伽马射线光子，并返回到基态。但是，只有当激发碳12 —— 即产生共振所需的能量 —— 比进入的α粒子的能量略低时才会发生上述情形。如果这一能量稍稍多一些，那么进入的α粒子就不会有足够的能量完成所需的进程。而如果能量少很多，

---

1. 转引自米顿（Mitton, 2005）。

那么就有足够多的剩余动能击破原子核。

到20世纪40年代末期，一些科学家就通过实验提出了共振的恰当能量，但那时候没有人将这一过程和恒星内部的反应联系起来。几年后，当霍伊尔在美国加州理工学院（Caltech）跟那里的粒子物理学家提出这个问题时，他被告知，最新的实验显示以前的工作是错误的。霍伊尔不相信他们的话，并且非要实验者重复测量一遍不可。[1] 霍伊尔的意思实际上是说，我们存在这一事实意味着自然定律**必然**允许某一特定的元素，即碳12，具有一个特定能量的激发态。在20世纪50年代，这一连串的推理对大多数科学家来说都显得似乎非常荒谬。但是，像所有的好的科学思想一样，它承受得住检验。

检验它的方式是测量碳12的属性。加利福尼亚的凯洛格辐射实验室（Kellogg Radiation Laboratory）就具有相应的技术进行测量。霍伊尔精确地预测，碳12的共振激发态的能量比其基态高7.65兆电子伏（MeV），他克服了一些困难，才说服那里的研究人员进行试验，以寻找这种处于激发态的碳12，领导实验小组进行测试的是威利·福勒（Willy Fowler），他后来说[2]，他之所以做这个实验，只是为了让霍伊尔闭嘴走人，他根本没有料到会找到这种共振态。当事实证明霍伊尔的预测只比实际结果有5%的误差时，整个实验小组都无比惊讶。碳12确实有一个共振态，其能量恰好处在合适的位置，使3α过程能够发生。

---

1. 见戴维·阿内特在《弗雷德·霍伊尔的科学遗产》(The Scientific Legacy of Fred Hoyle) 一书中收录的文章，D. 高夫编辑，剑桥大学出版社，剑桥，2005年。
2. 与作者的对话。

事情为什么会这样呢？这和宇宙为什么恰好以适当的速率膨胀，允许形成恒星、行星和人类一样，是一个谜。同样以人类为中心的解答，认为存在许多的宇宙，它们各自有各自的物理定律，而我们只存在于其中一个适合人类的那个宇宙中，这是该问题一种可能的回答。但是，从实际的角度看，这一现象可以让恒星核合成跨越铍8的鸿沟，并且从这一刻开始，恒星内重元素的形成就一帆风顺了。这是天体物理学和粒子物理学相结合，为我们提供关于宇宙性质深刻理解的最佳实例。

一旦恒星内部存在碳原子核，制造一定范围内的重元素就相对容易了。氦燃烧在恒星的内核里继续，外面包裹着一层温度稍微低一些的未燃烧的氦（恒星的最外层则是一层氢），直到所有的燃料耗尽。然后，恒星的核会再次收缩，使其变得更热，使碳12原子核与 α 粒子结合，形成氧16。只要有足够的碳燃料，这一过程就能使恒星稳定，直到再次出现收缩过程，恒星加热，触发新一轮的聚变。当然，每个后续的步骤都需要更高的温度，因为原子核的质子越多，原子核所带的正电荷也越多，进入的 α 粒子（本身带正电）的速度也要更快，才能穿越屏障到达原子核。像氖20、镁24和硅28等都是以这种方式产生的。而一颗年老的恒星可能有一系列的外壳，就像洋葱皮一样，层层包裹着它的核心，重元素位于中心，轻元素则靠近表面。通过粒子加速器实验证实，在这些条件下，具有其他核子数的元素，比如氟19和钠23，其产生的方式是这样的：较常见的质量能被4整除的原子核与其周围的粒子相互作用，吸收奇数的质子并发出奇数的正电子，可以形成少量的这类元素。所有这些研究中最了不起的成就，是在地球上对这些核相互作用的理解，再加上天体物理学家对恒星的理解，二者共同预言的各种元素的比例，同实际上观察到的太阳以及其他恒星光谱所揭示的元素比例是一样的。这一点，已经被天体物理学家所做的关于核相互作用的一个特别重要的认识突出展现出来。

鉴于周围已经有碳和氧的痕迹，那么除了质子−质子链之外，还有第二种方式，允许质量略重于太阳，内核温度也略高于太阳的恒星通过燃烧氢而产生氦。由于这一过程涉及氮、氧以及碳，它通常被称为CNO循环（碳氮氧循环）；这一循环的特别之处在于，尽管所有这些原子核都参与到循环中，一旦达到了平衡，它们并未"耗尽"，而且每个循环的净效应都是将4个氢原子核（质子）转换成1个氦4核（1个 α 粒子）。

该循环是这样进行的：一个碳12核捕捉到1个质子，成为氮13的原子核。氮13核释放出1个正电子，变成碳13，后者又捕获1个质子，成为含氮14。氮14吸收1个质子成为氧15，氧15弹出1个正电子成为氮15，最终氮15吸收1个质子并立即抛出1个 α 粒子，剩下碳12，准备进行下一轮循环。[1] 这一过程的每一步都已经在地球上的粒子实验室中被反复研究，所以我们知道它们的反应速度有多快，以及在什么条件下会产生反应。这导致了对人类，甚至是地球上所有生命都具有深远意义的发现的产生。

这一循环中最慢的反应是从氮14转换为氧15的过程。其结果是，

1. 此外还有其他的，相比之下重要性略低的链式反应也参与这一循环，这也使天文学家有机会玩一玩文字游戏，一语双关地将CNO双循环称作"两轮车"（英语"自行车"拼作bicycle，字面上讲就是"两个轮子"，而"轮子"恰好和"循环"是同一个词），甚至还造出了CNO"三轮车"的说法，不过这些对我们这里探讨的话题来说都无关紧要。

在体积大到足以触发这种氢燃烧的恒星的早期，更多的碳被转化为氮，远远超过了氮被转化成氧的量。[1] 随着越来越多的氮积累起来，虽然每个原子核在产生相互作用前都要消耗很长的时间，但参与相互作用的原子核很多，因此最终还是会建立起平衡。这有点像用水龙头或是花园的洒水喷头来接水。不论用哪种方法都能接到同样多的水，只不过如果喷头上只有一个很小的孔，那接起水来效率可不会太高。这意味着，尽管在一个单一的循环中，其净效应是把4个氢原子核合成为1个氦核，但随着该循环释放出能量，在恒星整个生命周期内，会出现副作用，将碳转换成氮。

这一点为什么会如此重要呢？这是因为氮是生命的基本要素之一（这里我们所说的是我们所了解的地球上这样的生命），而CNO循环则是宇宙中制造氮的**唯一**机制。我们已经看到，还有其他的办法能够产生碳和氧，但是却没有任何其他办法能够产生氮。我们可以绝对确定地说，地球大气中以及诸位身体里的每一份氮，都是在像太阳一样，但更可能是比太阳更大一点的恒星中通过CNO循环生成的。没有CNO循环，我们人类就不会产生。生命的产生确实是从恒星的形成过程就开始了。

的确，如果这些在恒星内部生成的元素没有逃逸到宇宙中，并成为后来的恒星、行星以及人类的原材料，我们就不会出现。我们马上就要说到故事的这一部分。但首先，我们刚才暂时把核合成的故事停在了硅28，现在是时候重新拾起这个话题，讨论更重的元素是如何形

---

1. 不过请记住，在这样的恒星上，碳只是一种次要的成分，而且在恒星生命的这一阶段，大多数碳仍然是由氢和氦构成的。

成的了。

　　我们把故事讲到硅28暂时离开，是有着充分的理由的 —— 简单地一步一步地添加 α 粒子以制造较重的原子核，每次都将其质量增加4个单位，只能到此为止了。到这里，事情开始变得复杂起来，因为此时恒星的核心已经非常的热（约30亿K），并非常的致密（每立方厘米都有好几百万克的物质），导致致密的原子核有时会变得四分五裂。例如，1个单一的硅28的原子核，可能会发生"光衰变"（photodisintegrate），释放出7个氦4原子核。但是，这些 α 粒子的洪流稍后会与其他的硅28原子核结合，也许1个硅28原子核会吸收1个以上的 α 粒子，在1个单一的步骤中产生硫32，氯36，氩40以及更重的原子核。有时候，释放出的所有7个 α 粒子可能被附近一个单一的硅28捕获，通过一个步骤就把它变成镍56。

　　但是，这已经极其接近链条的末端。镍56是不稳定的，很快会释放出正电子，转换成钴56。钴56原子核又会放出另1个正电子，以铁56的形式稳定下来。事实上，铁56是最稳定的原子核，它的原子核（包含26个质子和30个中子）比其他任何原子核结合得都更紧密。这意味着这里是道路的尽头，轻原子核聚合在一起形成较重元素并释放能量的过程到此为止。产生比铁更重的元素的唯一办法，是加入能量 —— 必须通过外力，利用大量的能量，将原子核结合在一起。唯一能够完成这一任务的能量来源是引力，而且除非恒星的规模比我们的太阳更大，连引力也不会强大到足以完成这一任务。

　　很多恒星甚至从来都达不到产生大量的硅、硫、氯和一直到铁之间的各种其他元素的规模。太阳是一个非常普通的恒星，仍在燃烧氢使其变成氦，这将最终使其核心获得足够的温度，将氦燃烧成碳，或许还会伴随CNO循环生成一点氮和氧。但是，当氦燃烧结束后，像太阳这样的恒星不能坍缩得足够小，使其内部上升到足够的温度，将碳燃烧成氧。恒星自身将收缩并冷却下来，最终变成一个坚实的碳球（或者，假如读者诸君喜欢浪漫色彩的话，我们可以说它会变成一个钻石单晶体），外面有一层氦和微量的氢构成的壳。它会变成一颗白矮星，体积并不比地球大，但仍保留了它原来质量的很大一部分。宇宙中只有10%的恒星比太阳更大，但它们对于解释元素的起源却是至关重要的。恒星的质量需要达到太阳质量的4倍以上，碳燃烧才会发生，而且，为了制造出所有的重元素，恒星的质量至少应是太阳质量的8倍或10倍。最重要的是，所有这些恒星，甚至像太阳这样小的恒星，并不是从头到尾一直控制自身所有的材料。

在恒星生命中的不同时间，当恒星内核收缩温度升高——例如，在像我们的太阳的恒星开始氦燃烧时——来自内核的额外的热量会使恒星外层膨胀。恒星的整个生命周期中，这种膨胀至少会将恒星质量的1/4（如果起初该恒星与我们的太阳的质量相同）吹到宇宙空间，形成一个不断膨胀的物质云团。这种云气是宇宙中最美丽的天体。它们被称为行星状星云，因为以前的望远镜收集光的能力较弱，它们看上去有点像行星。但是现代的观测设备揭示出它们具有各种丰富多彩的形状，会使人联想起鲜花、蝴蝶、光环，等等。如果恒星能够进入核合成的这一阶段，产生铁56（实际上比我们在这里所做的简单勾勒更为复杂）的一系列的复杂的相互作用只是把恒星的外层吹散到了宇宙空间。虽然太阳在其一生中只失去不超过1/3的质量，但是质量大约是太阳6倍的恒星有可能喷射出相当于5个太阳质量的经过加工的材料，其中含有重金属元素，使这些物质进入宇宙空间，其后该恒星会变成一颗白矮星，质量和现在的太阳大致相同。

但是，如果恒星的初始质量再多一点 —— 大约是太阳的6至8倍 —— 计算表明，它在寿命终结时会完全爆炸。这是因为在恒星活跃阶段结束后，遗留下来的残余物质太多，无法成为稳定的白矮星。这里的临界质量大约是太阳质量的1.4倍，称为钱德拉塞卡极限（the Chandrasekhar limit），因为第一个计算出这一临界值的是天文学家苏布拉马尼扬·钱德拉塞卡（Subrahmanyan Chandrasekhar）。[1] 由于核聚变，当恒星内核不再有向外的压力支撑，而且其质量超过了钱德拉塞卡极限，它必然会在自身的重力之下坍缩，无法形成稳定的白矮星。随着恒星坍缩，其核心温度会继续升高[2] —— 其温度会高到令碳以各种相互作用"燃烧"，制造出重元素，并在这一过程中释放出能量。但该恒星的引力太小，无法控制燃烧爆炸所产生的碎片。当密度、温度和压力都足够高时，除了简单地把氦4原子核加到碳12原子核上形成氧16，碳原子核之间可以直接以各种方式发生相互作用。最简单的是当两个碳12原子核聚合释放出一个 α 粒子（该 α 粒子会继续与其他的原子核发生反应），产生一个氖20原子核。这种反应实际上释放出的能量，比3个 α 粒子聚合释放的能量更多。这一爆炸性的碳燃烧会刺激原子核融合，直至产生铁56，并随着恒星爆炸将所有这些物质抛洒到宇宙空间。在这种最简单的超新星爆发中，至少有相当于太阳质

---

1. 苏布拉马尼扬·钱德拉塞卡（1910 — 1995）是一位印度裔美国籍物理学家和天体物理学家。钱德拉塞卡在1983年因在星体结构和进化的研究而与另一位美国籍物理学家威廉·艾尔弗雷德·福勒共同获得诺贝尔物理学奖。—— 译者注
2. 大家不要忘了，正是核聚变使恒星能够保持较低的温度，防止其坍缩！

量一半的铁，和8个太阳质量的氧会与其他的元素一起被抛洒到整个星系之中。但这仍然没有产生任何比铁更重的元素。要想产生比铁更重的元素，我们需要更大的恒星。

质量是太阳8或10倍的恒星在自己的生命结束时，会呈现更壮观的景象。这种爆发是所有比铁更重的元素的来源，这包括金、铀、铅、汞、钛、锶和锆等。这里我们没有必要讨论所有细节，[1] 对于这样的恒星，关键的问题是，即使是在其生命的早期阶段，其表面失去了大量的物质，在这样的恒星的发生坍塌和爆炸的内核以外，仍然会剩下大量的外层材料。而且其内核也会足够大，因此它仍然有足够强大的引力，在它发生坍塌时将自身吸引在一起，并释放出引力能。当这样的恒星内核燃烧结束，再也不能支持恒星的重量时，其内核的质量会大于钱德拉塞卡极限，因此会崩溃，并引发爆炸，释放出能量，但自身不会被完全破坏。这种恒星的外层的质量相当于许多个太阳，此时就好像脚下的外层地板被抽掉了，留下的几乎是个无底洞。恒星的外层 —— 这些相当于许多个太阳的物质 —— 将开始向下坍缩，但却会碰上从核心向外爆炸产生的冲击波。爆炸产生的冲击波会挤压并加热外部的物质，此时的状况非常极端，中子（是由于有些互动打破了原子核而产生的）也被迫与重原子核聚合，造出比铁还重的元素。事实上，这些重元素中，有一些已经在坍缩内核的极端条件下合成了，这种条件是由于坍缩释放出的引力能将核子挤压在一起而形成的。而恒星爆发的冲击波最终结束了这一工作。

---

1. 至少当我［与玛丽·格里宾（Mary Gribbin）一起］在《星尘》一书中谈到这一话题的时候无须如此。

冲击也因恒星内核中发生的一系列事件释放出的大量中微子而得到加强 —— 冲击波中的各种东西非常密集, 甚至连中微子都会受到阻碍停止, 并协助将恒星的最外层推开。但是, 非常重的元素只能制造出很少量的一部分, 因为重元素产生的条件从来都无法持续很长时间。比铁重的所有元素的总质量只占所有从锂到铁总质量的 1% —— 而所有 "金属" 的总质量则只占氢和氦总质量的不到 2%。超新星最终的效应, 是垂死恒星核心发生爆炸, 将相当于 10 个或更多个太阳的质量的物质, 抛到宇宙空间。这一次, 膨胀的物质云气中只含有很少的铁, 因为铁基本上都留在内核里了。但是在喷射出的物质中, 可能有相当于 1 个或 2 个太阳质量的氧, 此外还有少许的重元素以及其他各种物质。

对于我们已知的这一概述 —— 或者说我们以为自己知道的 —— 关于各种化学元素是如何产生的这些描述, 可能给人这么一种印象, 即一切都已经完成。这样认为有一定的道理, 至少大体的轮廓是清楚的。但是, 这一进程的确是在不断进行, 而且我不想让大家以为, 元素的起源已经结束, 没什么可以发现的了。为了确切地了解整个过程, 大家需要充分了解所有参与的原子核的相互作用 —— 只有通过在实验室里研究原子核才能获得相关的知识。这是一个艰巨的任务, 一是因为参与的相互作用很多, 其次是因为涉及的许多原子核的寿命都很短。地球上有 116 个已知的元素, 其自然产生的各种形式总共约有 300 种 (300 种同位素)。但是从理论上讲, 原则上可以存在大约 6000 种同位素, 其中一些的寿命很短。它们中的任何一种都可能参与恒星内部的相互作用, 但其中有一半以上尚未在加速器实验中发现。世界各地的实验室都在不断进行这种寻找 "新" 同位素的实验,测量它们的属性，并确定它们与其他原子核相互作用的方式。密歇根州立大学就有一个专门的项目，计划花费10亿美元建造一个稀有同位素加速器（Rare Isotope Accelerator），将在2010年代建成。在现实中，我们对元素起源的了解仍然是非常基本的。在未来10年或20年中，我们可以期望会取得实质性进展，了解恒星和超新星中到底发生了什么事情，构成我们自身的化学元素是如何产生的，以及为什么它们在宇宙中的比例是我们观察的这样。但重元素并不是超新星爆炸唯一的副产品。

在第二类超新星（称为Ⅱ型；简单的那种超新星是Ⅰ型）中，它的内核会在超新星爆炸后遗留下来。剩下的部分所包含的东西肯定超过了钱德拉塞卡极限（the Chandrasekhar limit），而如果其质量少于3个太阳的质量，它就有一个最后的可能的安息之地。它将成为1个稳定的中子球（从根本上说，就是1个巨大的"原子"的核），质量比太阳更大，紧缩在1个直径约10千米的球中。我们已经通过无线电噪声确定了许多这样的恒星。它们被称为脉冲星，而且也如大家期待的那样，在超新星爆炸留下的不断扩大的碎片云气中心，往往能找到这种脉冲星。我对脉冲星有一种特别的偏爱，因为我作博士生的时候所做的第一个重要的研究，就是要证明脉冲星不能是白矮星，因此，通过排除法，证明它必然是中子星。但是，如果恒星核心的质量超过3个太阳，那么它就无法抵抗自身的引力，使其完全坍缩到一点（一个像宇宙诞生时那样的"奇点"），完全和外部世界隔绝，因为其引力场过于强大，甚至连光都无法逃逸出去。

围绕宇宙诞生的奇点产生的疑问同样也环绕在黑洞的奇点上。难道一切真的会崩溃坍缩到一个零体积内？抑或坍缩后仍存在某种空间和时间的属性（膜？）会防止这种情况出现？谁也不知道这个问题的答案是什么，因为根据定义，我们无法看到黑洞内部。但是关于在此情况下宇宙诞生的同样的想法，也会导致对空间和时间"死亡"的一种新的理解的产生。在科普故事和小说中，黑洞往往与死亡和毁灭联系在一起，被描绘为末日的化身，它在星系之中漫游，吞噬掉所遇到的一切。但是我们有必要记住，产生黑洞的同样的进程，也是让宇宙空间充满生命所需的化学元素的进程。我们的存在和黑洞的存在紧密相连。

虽然我们此前已经提到过人类的存在和黑洞之间存在联系这一点，但此时有必要稍稍偏离本书的主题，提一提我们刚才所描述的过程在大质量恒星上发生时有多么迅速。恒星的规模越大，就需要越努力地燃烧核燃料，以抵抗引力的挤压。而且在融合链的每一步——从氢燃烧和氦燃烧到简单的碳燃烧等等——每一个相互作用所释放的能量都会比上一步较少，因此，燃料持续的时间也较短。我们的太阳的年龄是45亿年，作为一个氢燃烧恒星只过了一半的时间。但是，对于1颗质量相当于17或18个太阳的恒星来说，氢燃烧仅能持续几百万年，氦燃烧持续大约100万年，碳燃烧则仅仅有1.2万年，氖和氧燃烧约10年，硅融合则仅仅持续几天。不过，我们对化学元素起源的知识，最近的进展却是来自恒星的另一端——比太阳质量小的恒星。由于它们的寿命非常长，虽然它们是在宇宙早期形成的，但直到现在它们依然存在。

到目前，我告诉大家的有关恒星核合成的一切，涉及的都是我们现在看到的银河系中的各种恒星。所有这些恒星都富含比氦更重的元素，因此不会是宇宙大爆炸后出现的基本粒子重子构成的。必须已经有至少一代的"原始"恒星，它们制造了像碳这种元素，参加了比目前的太阳更大的恒星内部的CNO循环。像银河系和类似的星系中的恒星有两个基本的种类，即星族Ⅰ和星族Ⅱ恒星。星族Ⅰ恒星就像我们的太阳，主要位于银河系圆盘上，它们包含的重元素占了最大比例。它们是由自身几代之前的恒星所产生的物质构成的，而且由于形成它们的星际物质云含有相对丰富的重元素，它们最有可能附带有行星和生命（我们将在下一章更详细地讨论这一问题）。星族Ⅱ恒星，主要处在围绕银河系圆盘周围的一个球形光晕中。它们是老年恒星。由于它们形成的时候宇宙还比较年轻，此前的恒星所产生的材料少，而且比起星族Ⅰ恒星来，含有的重元素也不太丰富。在星族Ⅱ恒星中很难有机会找到一个由岩石构成，类似地球的行星。但是，这些恒星的光谱表明，即使是这些恒星的外层，在温度较低尚未发生核合成的区域，仍含有微量的重金属元素，所以它们也不是最早形成的恒星。

　　按照星族Ⅰ和Ⅱ的命名逻辑，宇宙中最先产生的恒星就应该叫作"星族Ⅲ"恒星，它们完全由氢和氦构成，不过至今人们还没有发现这种恒星。这种恒星肯定存在，是它们制造了星族Ⅱ恒星中微量的重元素痕迹，也是它们，启动了导致像太阳这样的恒星，像地球这样的行星，以及像我们人类这样的智能生命形成的进程。但是，比起在氢和氦的基础上外加微量重金属元素，仅用氢和氦构成恒星的难度要大得多。这是因为，作为一团在自己的引力下凝聚的云气，它的内部温度会升高，而这种热量往往在云气形成恒星之前就把它给冲破了。而如果周围有微量的碳和氧等，就可以形成一氧化碳或水蒸气等分子。

随着气体云崩塌，这些分子连同其他材料一起变热，但它们非常善于以红外能量的形式向外辐射热。这样可以使云团将过量的热辐射出去，使它可以继续坍缩，直到形成像太阳这样的恒星。但是，如果没有这些原子和分子，那么只有当星云具有极大的质量，至少相当于几十个太阳的质量的情况下才会发生坍缩。如果有这么大的规模，星云就会在自身重力的作用下很快坍缩，内部产生核聚变所需的温度，发生超新星爆炸，将恒星彻底破坏（也许会留下一个黑洞），把重元素喷射到星际空间。这些恒星在垂死挣扎时产生的爆炸能量巨大，直到现在，我们仍能探测到由它们所释放出的来自可观测宇宙边缘的伽马射线暴——迄今探测到的最遥远的此类爆发，估计其红移为 6.3，对应的宇宙年龄是还不到 10 亿岁。

直到最近，我们认为所有原始的星族 Ⅲ 恒星的质量可能都超过了100 个太阳的规模，其生命周期则远远少于 100 万年。对于星族 Ⅱ 恒星所需的重元素，以及产生伽马射线脉冲来说，这是一件好事。但是对于试图找到重组后尚存的星族 Ⅲ 恒星的天文学家来说，却不那么好了。自那时以来，只有体积较小的恒星燃料燃烧得较为缓慢，足以存续到现在，而且传统上，天文学家认为没有小恒星形成于那个时代。

不过这一次，传统智慧再次被证明是错误的。在 21 纪最初几年中，我们发现了几颗微小而暗弱的恒星，用判断银河系恒星元素含量的方法测算，它们含有极少的金属。它们还不是纯粹的星族 Ⅲ 恒星，但它们似乎是产生自宇宙黎明时分，一直存续到现在的天体"化石"。它们的存在已经帮助天文学家推断出星族 Ⅲ 恒星的真实面目，而且随着更多的此类恒星被发现，它们也似乎能揭示出更多关于恒星形成方式的奥秘。

　　有关的新发现是一个国际天文学家小组历时10年观测南部天空一个大面积的区域实现的。他们使用了最现代化的望远镜——这是又一个典型的例子，说明在当今时代，要想取得科技进步，往往需要大范围协作，并且要使用昂贵的高科技设备，个别天才独立在实验室工作实现科学进步的时代已经过去了。[1] 该调查所发现的暗弱的恒星，几乎完全由氢和氦构成，还不到太阳中发现的"金属"含量的二十万分之一。在这种情况下，说它们缺乏"金属"确实很合适，因为它们几乎完全不含铁。不过它们确实含有微量的碳和氮。根据推断，这些研究对象的年龄超过130亿年，这意味着它们形成于大爆炸发生后10亿年以内。它们为我们提供了了解当时宇宙的性质的直接线索。虽然这些恒星都处在我们自己所在的银河系内，离我们不过几千光年。可它们提供的线索，在其他情况下只能在具有极高红移的情况下才能得到。

　　第一件让我们感到惊讶地发现，是如此小的恒星（质量约为太阳的80%）竟然可以只包含如此微量的碳和其他重元素。而重元素是防止星云崩溃，提供红外冷却机制所必需的物质（参见第8章）。第二件让我们惊讶的事，是在没有原始星族Ⅲ恒星制造铁的情况下，这些恒星上的碳和氮是从哪儿来的。到目前为止，最好的答案来自两名东京大学（the University of Tokyo）的研究人员，他们仔细计算了规模为太阳的20至130倍的星族Ⅲ恒星的生命周期。他们发现，如果前身

---

1. 实际上，这项调查主要的目的是寻找类星体。暗弱恒星的发现算是意外的收获，这突出说明了这样的大项目所具有的优点——其一就是这样的项目可以收集大量的数据，并用许多不同的方式来处理这些数据。

星的质量相当于大约25个太阳的质量，那么古老恒星上就极度缺少金属，两者之间的对应关系非常吻合。但是对于质量是太阳的130至300倍的前身星，观察到的元素丰度就不相匹配。

　　质量是太阳质量的几十倍的星族Ⅲ恒星的生命周期的关键特征，是在其生命结束时，并不会完全毁灭。虽然它们也像Ⅱ型超新星那样爆炸，而且其含有丰富的碳和氮的外层也会被喷射到宇宙空间，但爆发却不足以破坏恒星的铁核。相反，其核心富含铁及其他重金属元素的物质，会收缩回到自身，形成相当于3至10个太阳质量的残余。这超过了中子星的稳定上限，因此该残余一定是一个黑洞。最重要的是，这不仅是一个理论上和通过计算机模拟恒星年龄的问题。我们已经发现一个已知类别的Ⅱ型超新星，即所谓的"暗超新星"，天文学家观测到它们的行为与计算机模拟预测的结果匹配得很好。

　　这使得该模型具有双重的吸引力。它除了能确切预测出星际介质的比例，可以解释极度缺乏金属的恒星的元素丰度模式，还解释了第一批黑洞的产生，而且正如我们已经了解到的，黑洞本身就是一种重要的天体，随着宇宙膨胀，它可以刺激恒星形成集团。在宇宙初期，将有大量的这类黑洞，它们相互合并成长，成为现在我们观测到的星系中心的超大天体。

　　这样，我们就可以追查所有化学元素的来源，一直上溯到重组之后不久第一代恒星的形成过程。恒星形成的历史本已写在恒星的物质构成中，其中最古老的恒星所含的重元素最少，而最年轻的恒星则含有最丰富的混合元素。这个故事的开端，是产生自宇宙大爆炸的氢和氦混合在一起, 加上一点点氘和锂。接下来的几百万年中, 起主导作用的主要是质量相当于几十个太阳的恒星, 而且它们的寿命不到100万年。它们为下一代的恒星提供原料, 而且其中最小的次代恒星一直生存到今天, 成为极端缺乏金属元素的恒星。但是, 更大的第二代恒星, 质量是太阳的8到10倍, 寿命只有几千万年, 在大爆炸发生后3千万至1亿年间占主导地位, 它们积累起了重元素, 例如钡和铈等, 并在生命周期结束时, 通过超新星爆发将它们喷射到星际空间。这一代的恒星所提供的浓缩的材料, 使得质量只有太阳3至7倍的恒星得以形成, 而且正是这些恒星开始在整个空间制造并散播今天的太阳及同一代恒星上所具有的重元素混合物。

由于较小的恒星寿命更长, 这些恒星占主导地位的时代大约从宇宙大爆炸之后的1亿年一直延续到10亿年。正是由于在这一时期星际物质进一步变得丰富, 才使得后来将铁等物质散播到整个空间的恒星得以形成。但在宇宙大爆炸之后30亿或40亿年时, 即大约100亿年前, 像银河系这样的星系已经存在, 出现了两类明显不同的恒星, 而且在银河系的光盘中, 恒星的形成过程不断展现, 与今天的情形类似。随着时间的推移, 星际物质和后世的恒星中的重元素越来越丰富。但这一进程一直以一种本质上相同的方式 (一种准稳态) 在持续。恰恰是在这种背景下, 我们可以看看, 在银河系到了目前年龄的一半的时候, 太阳及其家族内的行星 —— 即太阳系 —— 是如何形成的。

第 8 章
太阳系从何而来？

　　古人认为，恒星是永恒不变的。从现代人的角度看，即使你知道宇宙有一个开端，也可能会猜测，所有的恒星都是宇宙诞生后不久就出现了，而且一直以来就在那里。但是，正如我们已解释过的那样，我们已经知道，自从大爆炸以来，已经有过好几代恒星了。我们还知道，直到今天，在银河系和其他星系中，恒星仍在诞生，而且通过研究恒星形成的地点，我们可以了解太阳及其家族成员是如何形成的。技术不断改进，新的观测手段也不断出现，使天文学家能够探测到星球形成的现场，即星云尘埃和气体的内部。在过去几年里，这些研究极大地改变了我们对于星球形成的看法。

　　正是太空中年轻的恒星和星云气体和尘埃之间的联系，第一次为我们提供了恒星和行星来源的线索。恒星的寿命取决于它燃烧燃料的速度（也就意味着它的亮度有多高）以及它有多少燃料可供燃烧。质量更大的恒星有更多的燃料来维持燃烧，但是为了对抗自身的重力，它必须燃烧得更快。因此，最短命的恒星都是既大又亮。由于这样的恒星寿命如此短暂，当我们看到它们时，我们就能知道，它们都距离自己的诞生地不远——而且，在我们的星系中，最大、最亮的恒星都与星云尘埃和气体紧挨着。其中距离我们最近的这种星际材料的大集合就位于明亮的猎户座。著名的猎户座星云仅仅是一个范围更大的星云气体和尘埃——以及其他有趣的天文对象，有时被称作"气体尘埃综合体"——的一部分。哈勃太空望远镜拍摄到的一些最为著名的照片显示在猎户座综合体的星云中，镶嵌着年轻的恒星，星云自身不断被来自恒星的辐射吞噬。

天文学家现在之所以相信他们至少已经大体理解了恒星形成的进程，部分原因在于，在像猎户座这样的恒星形成区域，存在数以千计的年轻恒星供他们研究。其中最受研究者关注的是猎户座星云集群，它距离我们约450秒差距（约1500光年）。这意味着现在我们看到的从这个集群发出的光，在穆罕默德开始在地球上传教时起就已经开始发出了。这个集群的中央，恒星最密集的区域的半径是1/5秒差距，其密度相当于每立方秒差距有2万颗恒星；这一区域周围的更大的区域内，恒星密度要低得多，在半径为两个秒差距的范围内，至少包括2200颗恒星。

现在我们也有可能衡量出一些恒星的年龄，而且准确性尚可，而不再是仅仅说"它们很亮，因此必然年轻"。虽然恒星内部的核聚变过程会稳步积累起更多的复杂的原子核，且因此一般情况下，新形成的恒星比很久以前形成的恒星含有更丰富的比氦更重的混合物质，但是这一规则有一个例外。元素周期表上的第3种元素锂，不是在恒星内部制造出来的，今天的宇宙中所有的锂都是在大爆炸核合成过程中形成并留下来的。更糟糕的是（就锂而言），实际上恒星内部的一些核相互作用会"燃烧"锂。因此，每一代的恒星所具有的锂都比前一代更少。这意味着含有锂最少的恒星是那些刚刚形成的。这种判定恒星年龄的方式惊人的准确；在21世纪早期，天文学家利用这一技术发现，在猎户座星云中有超过21颗恒星，其质量相当于我们的太阳，年龄都小于1000万岁，其中最年轻的形成仅仅有100万年。这是最好的也是最直接的证据，表明年轻的恒星确实是与银河系中的星云气体和尘埃存在联系；其中最年轻的恒星的年龄大约是100万年，这也符合被称为金牛座T型星这一类别的属性，这是通过比较观察年轻恒星的理论模型的属性推理出来的。

从对许多这样的复合体的研究，我们可以得出一种自然的假设，即恒星产生自星云的中心，通过引力将物质吸引到一起形成。但是此后，星云分散开，其中部分原因是由于来自年轻的恒星的光以及其他辐射产生的压力。此后不久，最大最明亮的恒星很快熄灭了，但规模较小而长寿的恒星（像我们的太阳）留了下来，在银河系漫游，经历了几十亿年的时间，与其诞生地失去了所有联系。

恒星形成的这个大纲近百年来已经为人所知，但其细节直到最近才开始清晰起来。事实上，宇宙中弥漫的星云与恒星起源之间存在关系，这简直再自然不过了。早在17世纪艾萨克·牛顿就曾写道：

> 在我看来，如果太阳和行星的物质，以及宇宙中的所有物质，最终都均匀分布在整个空间，每个粒子和其他粒子都具有内在的引力，而粒子充斥的整个空间是有限的，那么，在这一空间外围的粒子将受到向内的引力，因此最终会坍塌到整个空间的中心，形成一个巨大的球形。但是，如果物质均匀分布在无限的空间中，那么它就永远无法聚

集成一个单一的物体；但其中一些将聚集为某个大规模的物体，另一些则聚集成另外的物体，这样就形成无限多的巨大物体，在无限的空间中分散开来。这样，假如物质具有明确的性质，太阳和恒星就有可能形成。[1]

引力确实可以将星际云气内的物质团块吸引到一起，形成新的恒星。但是，这一进程的效率一定很低。银河系已经存在了100多亿年，然而在其恒星之间，仍然存在星云气体和尘埃，而且至今还有一些造星过程在进行。为什么不是所有的物质在很久以前就都凝聚成了恒星？因为在牛顿设想的静态物质星云和银河系的动态物质之间，存在显著的差异。的确，静态的星云气体和尘埃会在自身引力的作用下聚集到一起，发生坍塌，至少会达到其内部具有足够的热量使自身保持平衡。但是，银河系中所有的物质，包括恒星本身以及形成恒星的物质，都是动态的。假如存在这样一种情况，地球距离太阳仍是现在这么远，但却是静止的，那么它会立即朝着太阳直线下坠；它之所以不会坠落到太阳上，是因为它处于轨道上，正在绕太阳运行。形成银河系的物质也处在轨道上，围绕着银河系的中心运转，星际云则慢慢围绕自己的中心旋转，此外还有其他随机的运动叠加在这种或多或少呈圆周状的运动中。宇宙空间还有"风"，就好像大气层中的风一样，可以使星云中的气体运动；而且星云中还存在磁场，排列星云，并防止它们坍塌。

---

1. 詹姆斯·吉恩斯引自"致理查德·本特利的信"，《天文学和宇宙进化论》（*Astronomy and Cosmogony*，剑桥大学出版社，剑桥，1929）。如果我们把牛顿的评论应用到星系，而不是恒星，会看出他的想法很有先见之明；但是，很显然，他不知道银河系是巨大的宇宙中数千亿个星系中的一个。

　　考虑到星云中发生的所有这一切，真正令人惊讶的是恒星竟然能得以形成。事实上，天文学家估计，在整个银河系中，每年只有比我们的太阳大几倍的（相当于几个太阳质量的）物质会转化为新的恒星。这大体相当于古老的恒星死亡的时候喷射回到空间中的物质的量。这种情况的其中一个含义是，有大量的恒星必须确实是在银河系形成过程中，在很短的时间内诞生的，那时银河系还远未达到目前的稳定状态。这些事件称作"星爆"，如今仍然存在于其他星系。不过我们不会进一步讨论这一问题，因为我们的太阳系并不是以这种方式形成的。太阳系是在仅仅50亿年前形成的，当时银河系已经达到其目前的状态有几十亿年了。

　　星云以及星云内气体的随机运动可以借助多普勒效应，通过光谱进行研究。这些研究还可以揭示星云内状况的其他细节，比如其密度和温度等。在恒星之间的那些"虚空"的空间，在每15立方厘米空间内平均有大约1个原子（当然，其中大多数的原子都是氢原子）。在普通的星云中，同一云团中有大约1万个原子，而星云本身的范围可能扩展到三四十光年，[1] 这一距离大约相当于太阳到距其最近的恒星的距离的4倍。虽然含有恒星的星云的温度可能会热到10 000℃，但是对于产生崩塌并形成新恒星的星云来说，其最重要的一个特点，是星云必须非常冷，只比绝对零度高不到10度（低于10 K，或低于零下263℃）。

　　银河系中大多数的星云都不处于收缩形成恒星的过程中。它们或

---

1. 用天文学家更常使用的单位来描述，是有大约10至13秒差距；视差为1秒的距离相当于3.26光年。

多或少处于平衡状态，主要是受磁场和旋转的支撑。如果质量与太阳相当的恒星，是直接通过缓慢旋转的气体云收缩形成的，这块星云含有相同的物质，但分布的密度与一般的星际云无异，那么随着它缩小，其自旋速度会越来越快，就像一个旋转的滑冰选手收起胳膊来在冰面上旋转速度也会加快一样。当其体积收缩到太阳的大小时候，靠近其赤道地区的自转速度将达到光速的约80％，这显然是荒谬的。因此，恒星形成过程中的关键一步，是去除这种多余的旋转能（或称作"角动量"）。达到此目的的最好的方式，是在开始的时候拥有更多的物质，并把其中一些抛到宇宙空间，随着其中心区域坍缩，这些被抛掉的物质会带走角动量。我们已经在恒星形成区域观测到了这种过程，但对于多余材料如何被抛洒出去的详细情况尚不明确。另一种解决问题的办法是，假设有两个（或更多）恒星从同一个星云中形成，这样，星云大部分的角动量会转化为恒星各自绕对方进行轨道运动的动能。值得注意的是，在所有的恒星中，大约2/3的具有双恒星系统或更复杂的系统。太阳系中，则是绕太阳运转的行星带走了太阳系形成时星云的角动量，只不过规模要小得多。没有行星的恒星，其自转速度可能比有行星的恒星快。

在我还是个学生的时候，老师告诉我们说恒星是通过一个相对稳定的"准静态"过程，由星云坍缩、分裂形成的。拥有1000个太阳那么多的物质的星云，可能会产生约1000颗恒星。起初，它会慢慢收缩，直到变得不稳定，此时，不同区域的星云会在自身重力作用下坍缩，然后星云会形成碎片，更小的碎片会继续坍缩，这样的过程会重复几次。这一坍缩和分裂的过程将比较平稳地继续下去，与此同时，引力能转换成热，直到碎片足够热，成为发光的原恒星。根据这种看法，所有的恒星都是与其他恒星一起形成的，但是一旦形成之后，它们各自按照自己的轨道围绕银河系运转。这样，经过了几亿年的时间，它们已经彼此相距甚远，没有办法追溯它们的共同起源。

但是现在我们认为，恒星的形成过程是一个更加充满暴力的混乱过程。而且我们确信，恒星的确是以这种方式形成的，而不是由星云顺顺当当，按部就班坍缩形成的。我们的想法之所以改变，是因为我们有了更好的观测结果，而且还有了更好的理论模型来描述发生在星云中的事件。由于星云含有很多的灰尘，因此其核心只有在红外光谱部分才是可见的，因为红外光可以穿透尘埃。[1] 但是大部分红外辐射却被地球大气层中的水蒸气阻挡住了，所以长期以来，人们一直未能观测到恒星形成区域中心的情况。后来，人们采用卫星携带的红外望远镜，在大气层以上进行观测，或是把红外望远镜建在高山上，超越大气层的大部分（当然基本上也在所有的水蒸气之上），才获得了更好的观测结果。例如，这些新的观测结果中，一些最重要的就来自夏威夷莫纳克亚山天文台的詹姆斯·克拉克·麦克斯韦望远镜（JCMT）。该望远镜所连接的设备中，有一个关键的仪器，就是"亚毫米通用辐射热测量计阵列"，简称SCUBA。与此同时，到了20世纪90年代中期，随着计算机技术的进步，也产生了新的观测结果。使用计算能力更强，速度更快的计算机，我们有可能模拟星云内部所发生的事件。同样，计算机技术的进步，也已彻底改变了我们对于宇宙大爆炸之后不断膨胀的宇宙的结构演进的这方面的知识。

---

1. 即使是普通的红光，也比波长较短的光更容易穿透尘埃。正是由于这个原因，落日的光芒照射到我们眼前的时候，要透过灰尘更多的地球大气层的下层，因此会呈现红色。

其他的一些观测结果最初产生自20世纪中叶，但随着新技术的应用得到了改善，也为我们深入了解气体尘埃混合物的性质以及它们如何能够产生恒星，提供了新的视角。这里我们就发现，这种系统中不仅包含原子，而且还包含分子。这些分子是通过无线电波的光谱发现的，最初发现的包括甲烷（CH）、氰自由基（CN）和羟自由基（OH）。此外还包括更复杂的分子，如H_2HCO，CH_3HCO和CH_3CN。分子氢（H_2）也曾被发现。[1] 星云中存在有这些分子，揭示出星云中状态的诸多信息。例如，在虚空中相互碰撞的氢原子，只能相互弹开。只有在一粒尘埃的表面上相互作用的时候，它们才能设法结合在一起。因此，星云中分子氢的密度告诉我们，在星云中，每立方厘米必须至少有100个像香烟烟雾的粒子那样大小的尘埃颗粒。尘埃颗粒还有另一种功能——如果没有它们，那么从附近的恒星发出的紫外线会穿透星云，打破氢分子。但是尘埃颗粒却能很好地阻挡紫外线，比如在猎户座星云这样密集的星云中，每立方厘米至少有多达1000万个氢分子。

受到银河系旋转圆盘中磁场等因素的影响，银河系中的气体分子都集中在大型的复合体中。大型复合体的范围可以达到1000秒差距，并含有相当于1000万个太阳质量的物质。但是单个的巨型分子云的直径不超过100秒差距，质量相当于100万个太阳的质量（其平均直径约20秒差距，平均质量约为35万个太阳质量）。[2] 这种材料也可以因超新星的爆炸而被席卷到星云中，因为超新星爆炸会释放出冲击波，波及星际介质；由于从陨石样本中发现一些罕见的同位素富集，

1.所有这一切发现使这种复合体具有了另一个名称——巨分子云（giant molecular clouds）。
2.这些平均数取的是中位数。

这直接证明了形成太阳系的星云在太阳诞生前100万年，就曾遭到这样的冲击波的冲击。这样的星云中物质的分布，和在仿真计算中得到的早期宇宙的结构中的物质分布非常相似，充满了片状或丝状的气体，以及集结在一起的密度更高的团块物质，在里面丝状气团会相撞。气体沿着丝状体流动，并在某些点累积，特别是在多个丝状体交叉的地方。这种模式就像项链上的珠子，会在星云中有更小规模的重复，所以，除了其规模不同外，气体的模式在"母"星云和"子"星云中是一样的。这种层次结构基本上是一种分形结构。虽然我们可以对其进行详细的研究，但是星云的外观具有不规则的丝状形状，看起来就像是被风吹形成的 —— 就像乘飞机时近距离观看大气中的云层一样 —— 这表明它们远远没有达到平衡状态。

所有这一切都符合分子云内所发生的一种较新的理论模型。这种模式是由气团中的湍流效应主导的。现在人们认为，支撑星云使其不至迅速坍缩的关键因素是湍流，而不是磁场。此外，以超音速运动的气体流碰撞（这意味着其速度在这种情况下超过约200米每秒）会产生冲击波，使得星云的某些部分开始坍缩形成恒星。在决定星云的结构以及它们如何演变等方面，引力和湍流同样重要。而只有当引力在某一区域占主导地位时恒星才会形成。此外，根据银河系的时间尺度判断，同样明确的一点是，星云本身是不稳定且短暂的现象。但是，是什么原因导致了这种高速湍流还是一个谜。所以，尽管我们知道存在湍流，但是谈到对它的了解，以及恒星形成的细节，我们又回到了我们"**以为**"自己知道的领域。

有一件我们的确了解的事情是，只有在星云非常冷的情况下，它们才会坍缩。防止外部的紫外线辐射破坏氢分子的尘埃也阻挡了能量达到星云的内部，而星云中的分子，特别是一氧化碳（CO），向外发出红外辐射能量使星云冷却。[1] 正是因为它们冷却到低于10K，才使得质量规模像太阳的星云可以发生坍缩。如果它们的温度更高一些，那么其热能产生的向外的压力将足以防止其坍缩。

虽然在不同的距离尺度和不同的时间尺度上，巨分子云内部有许多有趣的事情发生，我们特别感兴趣的还是像太阳这样的恒星（以及像地球一样的行星）从何而来，因此我们只是仔细地探讨一下这个相对规模较小的模型中发生的事情。最重要的一点，是恒星不是孤立形成的。这一点不论从对伴有这种星云的恒星的观测，还是从计算机模拟上，都得到了证明。迄今为止，大多数的恒星都是与至少1个或2个同伴共同形成的，而且有可能所有的恒星都是以这种方式形成的。因此，像太阳这样孤立的恒星，也极有可能是在其形成后的早期阶段，从双恒星或多星系统中被抛出来的。这其实是一种很简单而且自然的过程，涉及的因素不过是引力以及轨道力学等，这些在三个半世纪前已经由艾萨克·牛顿研究明白了。如果3颗质量大致相同的恒星彼此围绕对方在轨道上运行，几乎可以肯定的是，只要一有机会，其中的1颗恒星就会被抛出，飞入太空，同时带走一定的角动量，而另外两个恒星则进入一个更加紧密的绕对方运行的轨道。如果最初的恒星超过3颗，同样的事情也可能发生。但是当只剩下2颗恒星时，它们会受到引力的影响，变成稳定的双恒星系统。

---

1. 位于星云边缘的尘埃温度较高，因为它能吸收来自外部的能量，但这对于星云寒冷的核心没有什么影响。

我们现在已经弄清楚，在巨分子云形成和恒星形成之间没有明显的间歇。我们之所以这么认为，部分是由于我们对巨分子云的动力性质的新的理解，部分则是由于我们通过观测发现已知的此类星云很少有不包含恒星形成区域的。星云聚集，恒星形成，炽热的年轻恒星发出的辐射会将星云吹开，在 1000 万年的时间内，整个过程就会结束。星云形成，产生恒星并消散的过程所持续的时间，相当于声波从星云的一边传播到另一边的时间 —— 天文学家称之为"穿越时间"（crossing time）。

不过，大家请记住，气体和尘埃构成的星云坍缩形成恒星的另一个原因，是因为它受到了同样的来自超新星的冲击波或年轻的恒星风的压缩。这些冲击波或星际风会穿越星际介质，驱散恒星诞生后不久位于其附近的一些物质。有趣的是，将整个星系作为一个整体看待，这似乎是一种自我调节过程，它可以或多或少地在一个稳定状态，在数十亿年的时间里起作用。如果大量的恒星都在一代之中形成，气体和尘埃会被吹走并扩散开，这就使以后难以形成新的恒星。如果只有少数几颗恒星形成，气体不会消散得很严重，恒星也就易于在下一代形成。所以，如果该过程走向极端，不论是哪个方向，它都倾向于在下一代回到长期的平均水平。

有一个并不令人惊讶的现象，是最年轻的恒星往往存在于分子云密度最高的区域；但这里仍然有一个悬而未决的问题：这种聚合结构（往往是大小不同的团块一级一级相套）到底在多大程度上是由于密度足够大后引力的压力造成的，以及在多大程度上是由冲击波和湍流造成的，从而将局部地区的密度挤压到比其周围大 100 多倍。不过，通过计算表明，湍流压缩可能会导致产生"前恒星核心"，即密度高于平均密度的处于引力坍缩边缘的区域。经计算，这种核心的内部温度约为10K，直径约0.06秒差距（约1/5光年），质量约为太阳的70%。我们观测到分子云中的核心与这些性质非常相似，这使湍流压缩成为形成前恒星物体的最优的解释。接下来就该引力起主导作用了——它受到磁场，以及摆脱角动量的需要的影响。

但是，尽管在最密集的团块中，大约一半的质量会转化为恒星，但是在整个星云中，在星云消散之前，很可能只有不超过百分之几的材料会变成恒星。我们讨论了单个恒星形成的细节，这时也不能忘了，总体而言，恒星产生的过程并不是一个非常有效的过程。

不过，前恒星的核心的确能够形成。我们知道它们存在，因为我们可以看到它们，而且我们可以利用它们作为出发点，详细解释类似太阳的恒星如何形成。对于接下来发生了什么，我们的理解几乎完全依赖于计算机模拟，而且不同的模型（例如，磁场影响不同）会导致不同的预测，对于坍缩的细节以及发生的速度所作的描述都会不同。但是，所有的模拟都会得出同样耐人寻味的预测——在形成恒星的第一阶段，坍缩的星云中只有一小部分的质量会达到变成恒星所需的密度。恒星形成时，并不是质量相当于太阳的整个星云发生坍缩并最后变成像太阳这样的恒星。在星云的中心，一个质量只有太阳的千分之一的物体变得足够致密，也足够热，进入稳定状态，然后开始通过核聚变产生能量。然后，在更长的一段时间里，恒星的其余的质量通过增生过程获得，将周围的材料吸附到原恒星的表面。

　　旋转和磁性并不影响这微小的初始原恒星的形成，不过旋转却是导致星云坍缩形成2个或3个这类原恒星的原因。这些原恒星围绕彼此沿轨道运行。旋转的星云会收缩成圆盘状，围绕在原恒星周围（每个原恒星周围都有1个圆盘），而且根据计算，这种圆盘中物质分配不均，会引起波动，把一些材料带到外部，同时从原恒星带走角动量。另外一些物质则被带到内部，为恒星增生提供材料。任何带有拖尾的这种波（相对旋转有向后弯曲的旋臂）总是将角动量传导到外部，因此一些天文学家形容增生圆盘是使星云气体摆脱角动量的机器。另一种可能是，原恒星所构成的磁场会将朝向恒星的物质重新抛向宇宙空间，就像从恒星的两极喷射出来一样，这样也会去掉过多的角动量；许多新形成的恒星都有这种喷流现象，不过这种解释目前还只是基于现有知识的一种猜测。

　　所有这些计算结果的最动人之处在于，不论我们以何种星云开始，不论星云具有怎样的旋转、磁场和其他性质，我们总能得到同样的结果，即在星云的中心会有同样的紧缩的对象形成。因此，在我们能够讲清楚星云中心区域的何处开始升温之前，不必太过关注发生了什么。当中心的密度足够高，将向外的红外辐射困起来，就会发生这种情况。这里所需的密度大约是10^{-13}克每立方厘米（$10^{-13} g/cm^3$），相当于每立方厘米有大约200亿个氢分子。接下来，核心压力上升，当中心的密度增加了约2000倍后，会使崩塌停止，此时每立方厘米有40万亿个氢分子（相当于每立方厘米有50亿分之一克的物质）。这个核心的质量大约相当于太阳质量的百分之一，其范围半径比从地球到太阳的距离还要大。但它的稳定时间很短暂，因为其内部的温度继续上升。当温度达到2000K时，氢分子分解成组成它们的原子。这会改变气体的行为，导致第二阶段的坍塌，发生的方式与之前的相同，并会产生一个新的内核中的"内"核。这一次坍塌只有当内核足够热，使得氢原子的电子被剥离，形成电离等离子体时才会停止，此时的温度会达到10 000 K。但是这一次，坍塌却是永久性的结束了。电离过程是重组过程的逆转。重组过程发生在宇宙诞生后只有几十万年的时候。当时宇宙正变得透明，因为那时不再有大量的带电粒子与光线产生相互作用。因此，当前恒星核心电离时，它变得不透明，因为其内部的电磁辐射会在带电粒子之间不断反弹。这似乎是说该核心已经处于变成恒星的最好时机。

恒星发展的根源正是来自这一内在核心 —— 这是1颗原恒星核，质量不超过太阳的千分之一，占的体积和现在的太阳相当。但是其质量随着更多的物质从外部落到它身上而稳定增加（其半径仅是略有增加，只达到几个太阳半径大小，因为增生过程的主要效果是使原恒星密度更大）。最初的核心的所有气体会在大约10年内落到原恒星上，使其质量达到太阳的约0.01倍，剩下的一大部分质量仍需要从最初坍缩的星云获得。正如我们已经提到的，这一过程的一个基本特征，是围绕中心恒星形成一个物质圆盘（除非中心恒星不旋转、没有磁性，而这是不现实的）。而且随着在20世纪晚期哈勃太空望远镜的问世，人们已经在许多新形成的恒星周围看到了尘埃圆盘。这明显意味着行星会在恒星周围形成，我们稍后将返回到这一话题。

前恒星的种子能够成长为多大的恒星，取决于周围供它增生的材料有多少，而不在于核心的规模有多大，因为所有的恒星的初始内核的质量都差不多。最重要的是，分裂和坍塌出现的方式意味着每颗恒星（或每组的 2 颗或 3 颗恒星）是从已经与周围分割开的分子云碎片形成的，因此恒星所能获得的增生材料受到了严格限制，因此恒星的最终质量取决于分子云碎片的大小。对于太阳来说，这意味着它约有 99% 的质量是通过增生获得的。

当核心的质量已经达到太阳的约 1/5 时，其内部已经变得足够热，核聚变开始了。但是这种核聚变不是现在太阳产生能量的质子-质子链方式。在这样的恒星内核中最先发生的聚变涉及氘，这是一种重氢，其中每个原子核都受强力作用，包含结合在一起的 1 个质子和 1 个中子。当增生完成后，对于质量与太阳相当的新恒星来说，其半径约为现在太阳半径的 4 倍，此后其半径将逐步缩小，进入稳定的成熟恒星的状态 —— 天文学家称之为"主序星"（main sequence star）。在这一收缩过程中，维持恒星发光的能量主要来自收缩时引力释放的能量。只有当它的内部足够热，启动质子-质子反应之后（约 1500 万 K），核能才开始接手，并阻止恒星进一步缩小。但在恒星稳定下来之前，不论大小，其内部的材料都会通过对流彻底混合。因此，我们现在在任何主序星表层所观测到的元素的比例（包括太阳），与形成恒星的星云所包含的元素的比例都是一模一样的。这不会受到恒星内部氢转换成氦过程，或（在其他一些恒星中）是氦变成碳的影响，因为主序恒星不会有充分的对流，其核心的材料不会上升到表面。

天文学家将吸积过程的不同阶段描述为 4 "级"，分类并没有明确的依据，只是为了标明每一步所需的时间长度。星云坍缩尚不存在"恒星"的阶段，以及核心的早期发展阶段，直至核心变得不透明，大约需要 100 万年。0 级对应的是早期的核心快速增长的阶段，这持续了数万年，并且至少有一半的最终物质在这一阶段聚积到了一起。1级是最长的增生阶段，恒星剩下的大部分质量都是这一阶段加入的，但速率慢一些，持续几十万年。2级对应的最佳模型是金牛座T型星系统，周围仍然笼罩着尘埃，并持续大约100万年。3级时已经出现年轻的恒星，周围不再包围着尘埃，它需要经历几千万年的时间收缩变成主序星。

这些时间尺度的分割证据一部分来自模型，另一部分来自观测——例如，我们现在所看到的1级原恒星的数量是0级原恒星的10倍，但每个1级对象必然曾经是0级，因此，我们自然可以推论得出，每个1级恒星阶段所花费的时间是0级的10倍。总体而言，这意味着一颗太阳质量的恒星需要1000万年的时间从处于崩溃边缘的星云气体和尘埃变成主序星。而一颗15个太阳质量的恒星则只要10万年即可达到同样的阶段。

正如我们已经指出的那样，仅仅是角动量的问题所限，绝大多数的恒星（也许是所有的）就必须在多星系统中形成，因此，像太阳这样的孤立的恒星，应该是被其原来的伴侣抛弃的流浪者。过去，人们认为所谓的"多"星系统，可能意味着有四五个或更多的恒星在一起形成，此外一些计算机模拟也表明，前恒星内核可能分裂成许多碎片。但是，加的夫大学（the University of Cardiff）和波恩大学的研究人员在2005所做的分析表明，情况并非如此。他们发现，包含许多恒星的小型集群很容易[1]逐个"弹"出集群内部的恒星，这将导致银河系中单

---

1. 说它们是"小型"集群，是因为在宇宙形成初期一同形成的球状星团的体积比这要大得多，可能含有100万个独立的恒星。

一恒星系统的比例比我们实际观测到的要高得多。相比之下，这样的系统很难将通过引力拥抱结合在一起的双恒星弹出。事实上，这样的"高阶"系统变成一个双恒星以及多个单星系统所需的时间，可能只需约十万年。为了与观测值相符，一般情况下，单个星云核心必须分裂出不超过3颗恒星，虽然这一规则偶然可能会有例外。

一般来说，每100个新诞生的恒星系统中，有40个是3星系统，60个是双恒星系统。在40个3星系统中，有25个寿命较长，相对较稳定，另外15个则会很快弹出其中的1颗恒星，从而产生15个双恒星和15个单星系统。这一切都在约10万年的时间里发生在一个恒星形成区域内，最后形成的恒星的比例是25个3星系统，75个双恒星系统，15个单星系统。在恒星诞生的区域，比如现在的猎户座星云，恒星之间的亲密接触会破坏更多的双恒星系统，使整个星系中单一恒星系统的比例进一步增大。由于每个双恒星系统遭到破坏都会产生两个单星系统，那么在我们所描述的星群中，如果仅有10个双恒星系统遭到破坏，就会使3星、双星、单星的总体比例变成25：65：35，使单恒星比3星系统更为常见。

即使如此，现在绝大多数的恒星都在3星系统中，因此乍一看，我们的太阳倒是有点奇怪，是一个少见的单星系统。但是，这也许是人类因为自身存在于地球上而对宇宙的看法产生偏差的另一个例子。也许在孤立的恒星周围，更有可能存在能够形成像地球一样的行星的尘埃圆盘类物质。在双恒星或三恒星系统中，其他成员产生的重力影响会引起潮汐效应，破坏圆盘，即使形成行星，它们的轨道可能也会极端反常，使其被恒星融化或是完全冻结，甚至在恒星系统之间互换。

像我们这样的生命形式只能存在于稳定、长寿的行星上，其轨道环绕着稳定而长寿的恒星；从这种以人类为中心的角度来看，我们毫不奇怪地发现，太阳是宇宙空间一个孤独的流浪者。无论是什么原因导致产生了这一切，它意味着我们在试图了解太阳系的行星如何形成的时候，不必担心附近存在有太阳的伴星，引起任何复杂的并发症。

我们还可以进一步缩小调查的范围，只去关注某些行星，比如像地球。在太阳系里有4个这样的小型的由岩石构成的行星。它们距离太阳最近，分别是水星、金星、地球和火星。再往外，另外还有4个大型气态行星，分别是木星、土星、天王星和海王星。此外，还有各种宇宙碎片，大部分是冰块或岩石。这其中也包括冥王星。由于历史的原因，它一般被归类为行星。目前，对于这些冰块是否应该被称作行星，天文学家还争辩不休。不过，我们在这里所要讨论的，是岩石（或"类地"）行星和气体行星（"类木行星"）之间的区别。

过去，人们认为这两种行星都是以同样的方式形成的，即通过积聚围绕年轻恒星周围的碎片形成的——这通常被称为"由下而上"的积累过程。不论是对于较大的还是较小的行星，最初形成的都是一个岩石的核心。太阳系的内行星也只能到此为止，因为炽热的年轻恒星会将周围的大部分气体吹到仍在形成中的行星系统的外围。但是，在木星轨道这样的地方，一块质量是地球2倍的岩石也许能够靠自身引力积聚气体和冰等物质，增长到其目前的规模。但是这种想法的最大的障碍是，巨大的气态星球要想增长到目前的规模，需要数百万年之久——事实上，如果在其目前的轨道上的天王星和海王星是以这种最简单的自下而上的形式形成的，所需的时间会超过太阳系的寿命。

以前，我们所知的唯一的行星系统就是太阳系，这一问题还不那么重要，而且天文学家可能仍寄希望于找到自下而上理论的更好形式，以解决这一缺憾。但是，在过去几年中，天文学家发现了100多个其他的行星系统。几乎在每一个发现行星的个案中，都是由于绕恒星的行星的引力影响了恒星的运行，使其发生摇摆，天文学家才判断有行星围绕该恒星运行。这种摆动幅度太小，无法直接观测到，但是却会通过恒星光谱的多普勒效应显示出来。起初，这些发现的令人惊讶的特征是，发现的行星几乎都是类木行星，但其轨道距离所围绕的恒星却比木星距离太阳近得多。

从某种意义上说，并不奇怪的是，这些早期发现的太阳系以外的行星系统（太阳系外行星）之所以主要由这种行星构成，是因为体积大而且轨道距离恒星近的行星对恒星的影响最大，是使用目前的技术最容易发现的。2005年，天文学家终于报告说，他们从已发现的这类行星直接探测到了红外光，表明它们的温度大约是800℃——这是人类第一次"看到"来自太阳系外行星的光。同年晚些时候，天文学家拍摄到了另一颗系外行星，围绕一颗距离长蛇座100秒差距（225光年）的恒星运转，其轨道距离恒星为80亿千米（54个天文单位）。[1] 不过，这次发现的仍然是一个巨型行星，质量大约是木星的5倍。迄今发现的最小的系外行星的质量是地球的质量约6倍多一点，每1.94天（地球日）绕其恒星葛利斯876号一周，因此它很难算作"类地"行星。宇宙中即使存在有沿类似地球轨道围绕其他恒星运行的类地行星，也需要新一代的观测手段来找到它们。既然类地行星

1.天文单位是天文学家使用的一个距离单位。它相当于地球到太阳的平均距离，约1.5亿千米。

存在，我们已经发现了许多炽热的类木行星倒也不奇怪，出人意料的是，类地行星竟然能存在。那么，它们为什么能够存在？

　　一个自然的解释是，巨型气体行星并不是自下而上的增生形成的，而是自上而下形成的，最初是恒星周围圆盘中不稳定的团块。这种团块可以在圆盘的任意位置形成，距离恒星或近或远，行星和圆盘之间的互动可以改变巨型行星的轨道，因此它们会在自己形成的轨道上向内或向外移动。这种"迁移"可以解释天王星和海王星为什么在距离太阳较近的地方以更快的速度形成之后，又到了目前所在的位置。模拟表明，自上而下的行星形成过程可能用数百年时间就能形成气体巨行星。

　　这些设想本身仍在不断演化，在2005年一个由来自巴西、法国和美国的科学家组成的国际研究小组共同提出了关于太阳系早期状态最详尽的模拟。20世纪60年代末和20世纪70年代初的"阿波罗计划"带回了月球样本，并且证明月球上许多黑暗的点其实是由于在太阳系约7亿年历史的时候，来自空间的碎片撞击形成的。当时太阳系的内部行星刚形成不久。这就是所谓的"后期重轰炸期"（Late Heavy Bombardment，缩写为LHB）。这一事实就是他们研究的起点。将这一证据与行星如何形成的新理论相结合，研究小组发现，太阳系所有4个巨型行星必须是在彼此靠近的位置形成的，周围是旋转的小型物体、冰块以及岩石，这些统称为小行星体（planetisimals）。在太阳系最远的行星轨道之外，仍存有太阳系形成最早期小行星体圆盘遗留下来的物质。这一区域称为柯伊伯带（the Kuiper Belt），至今仍然存在。但是，如果新的研究结果无误，那么现在尚存的柯伊伯带其实只是曾经辉煌无比的太阳系小行星体圆盘的残余。由于引力相互作用，木星慢慢靠近太阳，而其他 3 个巨星行星则向外移动，依据同样的方式，小行星体或是靠近太阳，或是远离。

　　起初，这是一个渐进的过程。但是，太阳系形成 7 亿年后，当土星的轨道周期正好是木星轨道周期的 2 倍时，出现了一场戏剧性的变化。这 2 个行星的引力叠加在一起，对太阳系外围的其他物体产生了共振效应。这就像是儿童在荡秋千时，只要把握好时机，每次加一点点力，就能越荡越高。这一过程的主要结果是将天王星和海王星推到更远的轨道，海王星的轨道半径突然增加了 1 倍，进入到了柯伊伯带的内部，并将大量的小行星体散播到太阳系内部 —— 靠近和远离的物质之间必须有个平衡，以符合牛顿著名的定律："力的作用是相互的，有作用力必有反作用力。"正是这一波小行星体造成了"后期重轰炸期"，使得月球表面伤痕累累，而且据估计同时受到撞击的也包括地球和其他类地行星。只不过在地球上痕迹没那么明显，因为地表已经由于板块构造运动（大陆飘移）和侵蚀而发生了巨大的变化。

　　这一假说在 2005 年获得了更多的证据支持。美国航宇局"大冲撞"（又译"深度撞击"）彗星探测器与"坦佩尔 1"彗星进行撞击，通过分析撞击产生的碎片表明，组成的彗星物质与天王星和海王星现在所占据的轨道区域当时形成物体的化学成分相符。"坦佩尔 1"彗星似乎是来自这一早期彗星带的一个物体，由于天王星和海王星的迁移，散落到了深层空间。

　　所有的数据都非常吻合，这样，就剩下速度较慢的自下而上的行星形成过程来解释类地行星的形成，特别是地球本身的形成。这些行星形成所需的时间更长，当时太阳系中的大型行星已经存在。此时小行星体才开始加入到"造星"过程中来。现在我们可以撇开巨型气体行星，专门说说像地球这样的行星是如何从包围太阳的尘埃盘形成的。在20世纪90年代之前，天文学家已经推断类地行星一定是从这一尘埃盘形成的，但他们没有直接的证据表明年轻的恒星周围确实存在尘埃盘。但是，自那以后，随着借助哈勃空间望远镜做出的一个突破性发现，以及观测技术不断改进，人们发现在我们附近很多年轻的恒星周围都存在巨大的物质盘（现在称为原行星盘protopanetary discs，缩写PPD）。很显然，这些都是恒星形成的一个重要特点。由于老年恒星周围没有看到原行星盘，表明它们已被分散开，或是变成了别的物体 —— 行星。

　　这些原行星盘真的是非常巨大。研究得最多的原行星盘围绕着绘架座 β 星（Beta Pictoris），其直径超过1500个天文单位（约2250亿千米）。绘架座 β 星系的年龄据估计约有2亿年，原行星盘中的物质大约是太阳质量的1.5倍。到这一星系稳定下来，圆盘中的大多数物质都将消失。在某些观测结果中我们可以看到这一进程。比如核心恒星的两极还会有喷射流，与圆盘成直角。通常，这种喷射流（发出红外光）可能延伸1000个天文单位（1500亿千米）。相比之下，太阳系最外围行星海王星的轨道半径仅仅是30个天文单位。值得注意的是，在绘架座 β 星系原行星盘的内部半径只有几个天文单位的区域，通过恒星摆动的方式判断，就好像该区域存在行星一样。在其他的一些观测中，我们发现在原行星盘的内部存在空白区域，面积和太阳系相仿，表明那里的材料已经被行星吸收。

　　单是哈勃太空望远镜就已经发现了数以百计的原行星盘。这里我们仅举几例，以说明在太阳系年轻的时候，存在过怎样的条件。总体而言，仍然拥有这种原行星盘的恒星的年龄范围在几千万年到几亿年之间，此外，光谱研究表明，它们的物质构成和太阳类似（除了氢和氦以及"金属"元素的富集现象）。来自原行星盘的辐射的其他性质表明，它们不是星际云那种类似"香烟烟雾"的尘埃，而是在某种程度上已经经过了处理，大概是形成了小行星体，后又经过相互的碰撞形成了"第二代"的尘埃。从一些恒星星系发出的红外辐射［包括维加星 —— 即天琴座（Lyrae）的 α 星，在中国被称为织女星，它是天琴座最亮的恒星］显示，这种尘埃颗粒的典型尺寸约为 10 微米（千万分之一米）。灰尘本身的质量当然远远低于整个星盘的质量，因为有大量的氢气不断流失到宇宙空间。对于绘架座 β 星来说，其周围星盘中灰尘的质量似乎相当于地球质量的 100 倍。

　　对原行星盘所作的观测中，最激动人心的发现是表面星盘中似乎存在行星。我们已经提到，一些星盘的扭曲方式就好像是存在行星一样，另外一些星盘内部则存在空隙，区域大小与太阳系相仿。这类星系中最便于我们研究的是年轻的恒星北落师门周围的星盘。该恒星的年龄大约是 2 亿年，质量是太阳的 2 倍。相对于从地球上看过去的视线，该星盘是倾斜的，这使得我们能够直接研究其中心恒星的运行方式，我们发现该恒星并不是位于星系中心，而是偏向星盘的一边，表明它受到几个大行星重力的影响。北落师门距离地球只有 7.7 秒差距（25 光年），因此利用哈勃太空望远镜这样的仪器比较易于观测研究。在整个尘埃星盘中，拥有一个非常清晰的带，或称作环，宽度为 25 个天文单位（地球到太阳距离的 25 倍）。依据其清晰的内缘测量，该环的直径为266个天文单位。这是太阳系最外围行星海王星轨道直径的9倍。圆环的中心距离北落师门星实际的位置有15个天文单位——偏离了22.5亿千米，相当于海王星轨道半径的一半。这一效应绝对不算小了。圆环偏离的值如此之大，而且其内缘非常清晰，表明恒星附近有行星运行，吸走了星盘内部的物质。圆环本身可能代表了北落师门星系形成的早期阶段，相当于太阳系的柯伊伯带。柯伊伯带是太阳系形成过程中遗留的冰块等物质构成的。

证明有行星存在的另一个线索是星盘中所有的尘埃似乎温度都很低。星盘中的摩擦必然会使一些尘埃颗粒向内飘移，靠近中心的恒星，在那里它们会被加热，并产生相应的辐射。而观测并没有发现这种热的尘埃，意味着在某些情况下（如在织女星周围）这些向内飘移的尘埃被某种物体吸收了。而所谓的"某种物体"，除了是行星，很难是别的什么东西。

绘架座 β 星可以看作这种系统的一个原型，如果距离中心恒星1到20个天文单位有一个物体绕它运行，质量在6到6000个地球质量之间，就可以解释星盘的变形。此外，这一星盘的厚度表明，里面一定有一个固体物体，直径至少有1000千米，在里面运行并搅拌它，否则它一定会变得像土星环一样薄。哈勃太空望远镜的继任者 [有时也称为"下一代太空望远镜"（the Next Generation Space Telescope，缩写NGST），但其正式的名称是"詹姆斯·韦伯太空望远镜"，定于2011年发射] 应该能够观测像木星这样的行星所造成的星盘中的空白区域。但是，这真的只能是意外的惊喜，因为我们已经知道"木星"存在，而且我们也知道原行星盘存在。我们还知道在这些尘埃盘内有小行星体，因为尘埃颗粒的光谱性质表明它们是第二代的微粒。很容易看出来，一团冰冷的石头可以由引力聚集在一起，形成像地球这样的行星。所以，地球这样的行星如何形成这一问题就可以归结为在星际云中像香烟烟雾一样的灰尘颗粒如何能结合在一起形成小行星体。

这里的关键词是"黏结"。在真空（或接近真空）的空间，微小的尘埃颗粒相互碰撞时，往往会反弹开，而不是黏合在一起。直到最近以前，天文学家们一直采用一种一厢情愿的想法，含糊其辞地说尘埃粒子可能在某种方式下，如果一颗粒子从另一颗的身后慢慢接近它，轨道几乎相同，轻轻地撞上另一颗，那么它们就有可能黏结在一起。但还有另一个因素也必须考虑到。在形成行星系统的分子云中，最常见的一种化合物可能是水。绝大部分的元素是氢和氧，不过氧的含量远远低于氢。但氧却是最丰富的"金属"，也是除了氢和氦之外第三种最常见的元素。由于氢和氧急于结合形成水，因此在形成行星的星云中，必然有大量的水蒸气。但是却不会有任何液态水。在接近真空的宇宙空间，以微米计的尘埃颗粒的温度不到几十 K，水蒸气会直接凝结为冰。在地球上的实验室中模拟宇宙空间的环境进行的研究表明，在这种情况下，水分子的一端带有正电荷，另一端带有负电荷，它们会排成一队，使尘埃微粒周围的整个冰都发生极化。这会产生电磁力，将冰冷的尘埃粘在一起，就像磁铁可以把铁质物体粘到一起的效应一样。

此外，这种冰和我们放到饮料中的冰相比，还有一种性质也不一样。因为它是由蒸气状态直接凝结为小颗粒的，因此它的结构更像雪片，而不像冰块。因此，每一个固体微粒（主要是碳和硅化合物）的周围都会包着一层松软的外壳，就像是减震器，能够缓冲微粒彼此撞击的力量。在这种缓冲作用下，撞击产生的反弹力会变弱，而电磁力将足以将粒子黏结在一起。美国太平洋西北国家实验室进行过一系列的实验，表明微型陶瓷球（直径为1/16英寸，约为0.16厘米）在落到普通冰块上时，反弹的高度是坠落高度的48%，而同样的球落在由水蒸气用40K的温度凝华成的冰上，反弹的高度只有坠落高度的8%。

在我们现在所观测到的年轻的行星系统周围的寒冷的尘埃盘中，这种"蓬松冰"的缓冲效果特别好。在温度更高的轨道更靠近恒星的区域，如类地行星形成的区域，类似的电效应会发生在硅酸盐颗粒上。无论是哪种方式，一旦最初的微粒发展到适度规模，它们就会通过引力彼此吸引，在大约10万年的时间里，发展成直径超过1千米的物体。正是这些物体（以及更大一些的物体）相互碰撞形成了原行星盘中的第二代尘埃。

在引力作用下，直径1千米或更大的小行星体变成像地球这么大的星球也许只要5000万年，相对于太阳系的年龄而言，这不过是一眨眼的时间。这一过程中有一个很小的秘密，这里暂时没有必要详细说明了。但它确实会引领我们去面对宇宙中的最大奥秘——地球上生命是如何出现的，以及宇宙中其他地方是否有生命？

第 9 章
生命起源自何处？

大家都知道生命是什么，但是词典或教科书中却没有完全令人满意的关于"生命"的定义。对我们当前的目的而言，有一个暂时能用的定义，它强调生命要从周围的环境获得能量，建立复杂的分子，并能够生长繁殖。生命总是要从外部"获取"能量 —— 对于地球表面的生命而言，这一能量的来源当然是太阳。对生命更复杂微妙的定义还强调，生命总是与远非化学平衡的系统有关。例如，由于生命过程的参与，地球大气富含氧气，这是一种具有高度活性的气体。这可算不上是化学平衡。如果地球上没有生命，氧会迅速锁定在稳定的分子中，例如水和二氧化碳。[1]地球的邻居金星的大气就很稳定（即平衡），富含二氧化碳。这是令人信服的证据，表明该星球上没有生命。直到最近之前，人们一直认为，生命形成过程基本上所有的步骤都发生在地球形成后不久。但是现在有一个事实已经很清楚了，至少生命形成的第一步 —— 从周围的环境获取能量，建立复杂的分子 —— 发生在（而且至今仍在进行）恒星形成的尘埃和气体星云中。就像恒星外层的原子一样，通过光谱也可以分析出宇宙空间的分子是什么。但关键的区别在于，由于这些分子更大，它们发出的不是可见光，而是波长

---

1. 这些微妙之处，以及其他一些区别，我将在我与玛丽·格里宾合著的《深奥的简洁》（*Deep Simplicity*）一书中加以讨论，这里就不详加说明了。

更长的辐射，处在红外和无线电的波长范围内。由于直到20世纪下半叶之前，人们尚未有探测宇宙空间中的这种分子的技术，而且没有人曾想到那样的地方会存在这样的分子，因此也就没有人尝试去寻找。在太空中第一次发现分子，是在20世纪30年代，因为它们易于被发现。但是，它们很难算得上是化合物——它们只是碳和氢简单的结合（甲烷，CH），或是碳和氮的化合物，称为氰自由基（CN）。直到1963年，人们才确定另一种化合物——羟自由基（OH）；但是第一个真正戏剧性的突破是在1968年时做出的。科学家发现在银河系的中心，有氨所释放的物质，一种由4个原子构成的分子（NH_3）。正是这一发现，激励更多的天文学家去寻找宇宙空间更复杂的分子。这种激励之所以必要，是因为在大多数情况下，研究者首先要确定寻找什么，然后在地球上的实验室中测量相应分子的光谱，他们才能有机会判明星际云物质发出的无线电频谱中所蕴含的信息。他们很快就发现了水分子（H_2O），接下来是真正让这一研究趋势进行下去的有机分子甲醛（H_2CO）。

这些发现让生物学家们松了一口气。化石证据表明，生命（单细胞生命）已经在地球上存在了近40亿年，距离地球形成只有不到10亿年。要想让简单的元素，比如二氧化碳和氨，变成像蛋白质或DNA这样的东西，几亿年的时间似乎都不大够。但是，如果在地球温度降低的时候，复杂的有机分子就已经存在了，那么生命出现的速度那么快就不太令人奇怪了。在过去的几年中，天文学家还在其他星系中发现了这类分子，表明它们在星际空间普遍存在，而不是仅限于银河系。

顾名思义，有机化合物和生命密切相关。所有所谓的有机分子都含有通过化学途径结合在一起的碳原子和氢原子，并在大多数情况下，它们还和其他的原子结合。最初，在 19 世纪的时候，有人认为，这种化合物只与生命有关，"有机物"因而得名。但是，后来人们弄清楚了许多有机分子可以人工合成，有机化学几乎就与"碳化学"成了同义词。但是，这并不意味着有机化学和生命之间不存在联系；尽管并非所有的"有机"化合物都与生命有关，但所有生命过程都和有机化合物相关。

　　碳对于生命来说非常重要，原因有两个。首先，每 1 个碳原子都能够产生 4 个单独的链接（化学键），同时结合其他原子，包括其他碳原子。除了在几个较为特殊的情况下，任何原子最多也就能拥有的这些数量的化学键，所以碳能够与大量的其他原子键合在一起，而且能作为核心，与许多不同的原子结合成复杂的化合物。[1] 碳之所以如此重要的另一原因在于它比较常见。在宇宙中，重子物质除了氢和氦等占大部分的元素外，最常见的元素是氧，其次是碳，两者都是在核合成过程中形成的。令人惊喜的是，碳原子在键接到其他 4 个原子的时候，不必用尽所有 4 个化学键。它们还可以形成双键（甚至是三键），例如，2 个碳原子可以各自使用 2 个键，通过双键相互组合在一起，这样每一个还有两个自由键与其他原子结合。碳原子还可以形成长链，像脊椎一样互相联系起来，其他原子和原子团则黏结在两侧；它们甚至可以构成环（最常见的是 6 个碳原子"手拉手"连成环），其他化学物质则连接在其周围。因此，碳原子既常见，又"急于"与其他原子形成化学键。这样看，似乎星际空间和恒星周围应该不可避免地有大量

---

1. 还有其他的原子也能构成 4 个化学键，最值得一提的就是硅。但是碳原子的数量有硅原子的 8 倍之多，而且在任何情况下，硅构成的化学键比碳构成的要弱。

的碳化合物 —— 有机化合物，而星光的能量（包括红外和紫外辐射），可驱动产生有趣的化学反应。

到2005年，研究人员已经在太空中发现了超过130种分子，其中大多数都在恒星（和行星）诞生的巨大分子云中。这些分子包括简单的双原子分子，如一氧化氮（NO）和一氧化硅（SiO），还包括3个原子的化合物，如氰化氢（HCN）和二氧化硫（SO_2），4个原子的氨（HN_3）和乙炔（C_2H_2）和5个原子的蚁酸（HCOOH，蜜蜂蜇伤和荨麻中的活性成分），以及我们这里最感兴趣的较大的有机分子。大小并不代表一切，迄今为止在宇宙中发现的最大的分子，是一个由11个碳原子构成的串，一端是一个氢原子，另一端则是一个氮原子。它被称为cyanopentacetylene，化学式是$HC_{11}N$。而论及生命，复杂性和大小一样重要，而且如果找到比$HC_{11}N$更小的分子，但其中包含更多的原子，它们以更有趣的方式排列，则更有意义，也更令研究者兴奋。我们所谓的"有趣的"分子，当然是那些能被用来作为构成生命的建筑构块的分子；生物化学家把生物分子分开，弄清楚分子的结构，这样就能够确定哪些分子属于此类。

有两种生物大分子是地球上的生命的基础。蛋白质为我们的身体提供结构（包括头发、指甲，以及肌肉等），而另一种称为酶的蛋白质家族，则直接控制人身体内的化学反应。核酸（其中还包括著名的DNA，脱氧核糖核酸）含有编码，能够告诉细胞工厂如何制造不同种类的蛋白质。这两种分子都有一个共同的重要特点 —— 它们都是由长链分子构成的，其中分子的次单位都是由化学键组织在一起形成一种结构，其中包含了大量的信息。而且这里所谓的长也是有根据

的 —— 1 个碳原子的重量是 12 个单位，蛋白质的分子量则从几千到几百万个单位不等。

在蛋白质中，分子的亚单位是称作"氨基酸"的分子。以同样的尺度测量，氨基酸本身的重量一般很少超过 100 个单位，这样我们就能看出要想构成一个蛋白质，需要多少氨基酸。氨基酸对于生命的重要性，从一个事实就可以看出：地球上所有生物材料的总质量中，氨基酸的质量占到一半。使氨基酸具有各自的名字的化学单位，是围绕 1 个单一的碳原子构成的。碳原子的 4 个化学键中有一个连接到 1 个单一的氢原子，1 个连接到一组 3 个相连的原子，称为胺组（NH_2），还有一个连接到羧酸组（COOH）—— 由此得名"氨基酸"。第 4 个化学键可以自由地与另 1 个碳原子连接，而那个碳原子则有 3 个化学键可以与其他的原子连接。

显然，氨基酸可以有大量的形式，而且其中很多形式实际上是在实验室里制造出来的。但是，地球上生物中所发现的所有的蛋白质，只不过是由 20 种氨基酸的不同组合构成的。我们所了解的万物，竟然是使用相同的 20 种建筑构建构成，这是一个强大证据，它间接表明，地球上所有的生命应该有一个单一的来源。我们都是某一共同祖先的后裔，虽然我们不能排除地球上很久以前也存在着一些完全不同的生命形式的可能性，然而即使它们存在过，它们也没有留下任何痕迹，或任何后代。蛋白质毫无疑问是生命分子，虽然我们不能说一个孤立的蛋白质分子是"生物"。在周围的世界里，我们找不到非生物化学产生的蛋白质。但是在自然界却可以找到两类氨基酸，一些对于生命无比重要，另一些对生命来说却没有用。从这个意义上讲，氨基酸并非"生命"分子。把非生命物质变成生命（无论是哪种生命形式）的诀窍，似乎是在从氨基酸产生蛋白质的过程中。而且这个小把戏还和蛋白质与氨基酸相比其复杂性大大增加这一事实有关 —— 蛋白质含有大量的信息。

这一点既适用于构成你的头发、肌肉和其他身体结构的长链蛋白质，也适用于蜷缩成小球的蛋白质链，即所谓球状蛋白质酶，它的作用是促进一些对于生命很重要的化学反应，并抑制对于生命有害的其他化学反应。把存储在蛋白质中的信息看作沿蛋白质链，以氨基酸的顺序编码存储的信息，就特别容易理解，因为生物用来编码的氨基酸的数量是20，很接近英语中26个字母的数量。我们很容易理解用一套26个字母（外加几个标点符号）就能传递大量信息的做法，只需使用一些字母组成的长链，实际上也不用太长就行，只不过这样的链要被切断分开变成纸页上的行。同样，蛋白质可以被看作用20种氨基酸字母写的信息。正是储存在这样的蛋白质中的信息，使某种蛋白质链适合成为头发的一部分，另一种则适合在血液中携带氧气。不过我们在这里不想不厌其烦地叙述生物分子如何起作用，我们现在感兴趣的是那些生物分子（尤其是第一批这样的分子）是如何产生的。我们现在已经知道，一旦有了氨基酸，离生命就只有一步之遥了。因此，下一个关键的问题是，氨基酸从何而来？

构成蛋白质的20种氨基酸自身几乎完全是由氢、碳、氧和氮（这是宇宙中除了不活跃的氦以外4种最常见的元素）原子以不同的方式组合构成的。只有古怪的硫原子会出现在少数几种氨基酸中。因此，在20世纪20年代，英国生物学家霍尔丹（J. B. S. Haldane）和苏联科学家奥裴林（Alexander Oparin）各自独立提出，在地球年轻时，来自地球的热能以及闪电能可能会催化化学反应，导致从水和化合物（如甲烷和氨）形成氨基酸。自20世纪50年代以来，人们进行了许多实验来检验这种想法。在实验中，使用密封的容器，内有各种各样的"大气"，将这种气体置于电荷、紫外线辐射和其他能量的作用之下。如果等待的时间足够长，这样的实验的确可以产生一种黑色的东西，里面含有氨基酸，其中包括能够构成蛋白质的氨基酸。但是，这并不能证明，生命演化的第一步是发生在地球上。事实上，现在在太空中发现了丰富的分子物质，表明原始的地球拥有丰富得多的化学成分，用以开始生命的化学过程。

如果让一个实验化学家合成氨基酸，他不会从一壶水、甲烷、二氧化碳和氨开始，再对其施加电闪雷鸣的作用，并等上好几个月。他会使用像甲醛、甲醇和甲酰胺（$HCONH_2$）等，以使合成过程更便捷迅速。这些在实验室中合成氨基酸所需的所有的试剂都已经在巨分子云（GMCs）中发现。至少，这意味着地球形成之后，很快就拥有了这种材料（稍后我们将讨论究竟多快）。此外，巨分子云中很可能也存在有氨基酸。事实上，有人在2003年宣称从巨分子云中探测到了一种最简单的氨基酸甘氨酸。但是，在2005年，对该报告进行了一份详尽的后续研究表明，通过比较实验室重新测量的甘氨酸辐射表明，该结论是错误的。然而甘氨酸（其化学式是NH_2CH_2COOH）是一种相对简单的分子，如果进一步的搜索发现巨分子云中存在甘氨酸也将毫不奇怪。

最新的进展显示，一些已知少量存在于气体和尘埃星云之中的重要的有机分子，现在已确定在年轻恒星周围的尘埃圆盘中也存在，且密度要高得多。例如，在IRS 46星系中，其距离太阳系为约375光年，它包含的氰化氢的浓度就比星云气体中的浓度高1万倍以上，乙炔浓度则相似。这一发现的意义在于，在实验室中把氰化氢、乙炔和水混合在一个容器内，里面如果有合适的表面使分子能够产生，它们就会产生种类繁多的有机化合物，包括氨基酸和一个DNA基腺嘌呤（见下文）。IRS 46星系的尘埃圆盘的范围距离中心恒星不超过10个天文单位，相当于太阳系内的土星轨道以内的范围。

我们可能暂时还没有在太空中发现蛋白质的构成材料，但我们已经发现了这些构成材料的构成材料，这比从水、氨和二氧化碳出发前进了一大步。此外，如果我们研究一下生命分子的另一种基本构件核酸，会发现前景同样令人振奋。

像蛋白质一样，核酸也是长链分子，由许多亚单位沿一条线连接构成，就像项链上的珠子一样，其他化学物质则结合在两侧。但是，核酸中的次级化学单位要比氨基酸中的更简单，而且和对生命具有重要意义的20种氨基酸相比，其种类也较少。在很长一段时间内，这一情况骗过了生物化学家，让他们误以为核酸对于细胞的作用不如蛋白质重要 —— 也许只是起到对蛋白质分子的一种支撑作用。但是他们错了。

在化学上，脱氧核糖核酸（DNA）和它的近亲核糖核酸（RNA）都是由糖构成的。两者的基本构件都是一种糖分子，叫作核糖，它由4个碳原子和1个氧原子连接在一起构成五边形环。4个碳原子中每一个都有两个自由的化学键，连接到其他原子或化学元素组。在核糖和脱氧核糖中，在氧原子的一侧，一个碳连接到一个氢原子和另一个碳原子，它们这本身又连接到 CH_2OH 原子团。在核糖中，原子环的另外 3 个碳原子都连接到氢原子和羟自由基。但是，在脱氧核糖中，碳原子不是与 OH 羟自由基连接，而是只有一个连接到 H。脱氧核糖比核糖少一个氧原子，它也因此而得名。

核酸中的这些基本单位都有些许的调整。在 DNA 和 RNA 中，CH_2OH 基团中最后的 1 个氢原子被一种键取代，它连接到一种化学名为磷酸基团的物质，这种物质的核心有 1 个磷原子。磷酸基团的另一边连接到另一个糖环，连接处是一个羟基基团中的 1 个氢原子。每 1 个磷酸基团都为两个糖环提供了连接，因此，核酸的核心是由"糖-磷酸-糖-磷酸-糖-磷酸"这样的链构成的。就其本身而言，这种结构除了当支撑以外，确实很单调，也没什么用。但是，事情却并非这么简单。核酸链除了向上和向下与磷酸基团联系之外，每个糖环还与称作化学基的 5 个单元中的 1 个联系，从核酸链旁边伸出来。当然，化学基的数量大大超过 5 个，就像氨基酸的数量远远超过 20 种一样；但核酸只用到了 5 种。所有这 5 个化学基都是沿着六边形环建立，其中包括 4 个碳原子和 2 个氮原子。它们通过把连接到糖环上的 1 个碳原子的 1 个 OH 基团替换为连接到化学基上的其中 1 个氮原子的连接，而键接到核酸链上的糖环。这 5 个化学基称为尿嘧啶（uracil），胸腺嘧啶（thymine），胞嘧啶（cytosine），腺嘌呤（adenine）和鸟嘌呤（guanine），而且通常提到它们的时候，只用其首字母。每一个核酸只出现 5 个化学基中的 4 个。DNA 包含 G，A，C 和 T；RNA 包含 G，A，C，和 U。不过，最重要的是，这些化学基可以在分子中以任何顺序出现。

一条DNA链中，其化学特性根本"不在乎"G是靠近A、C还是T。这意味着，每一个核酸所包含的不仅仅是重复同样的糖和磷酸基团，或是同样不包含任何信息的GACTGACTGACT这样的重复。核酸包含有信息。它们所携带的"信息"用4个字母的字母表写在其基干上。这就是基因信息。

只要字符串足够长，就能用4个字母的字母表（或代码）写出任何信息。其实，只要2个字母，就能写出任何信息。比如电脑就是使用二进制代码，即一连串的1和0，描述所有的信息。此前，我们打过一个比方，拿26个字母所写的《宇宙传记》这本书，和蛋白质用21种氨基酸字母所写的信息做过对比；我们或许也同样可以说，本书是用二进制代码写的，因为这就是撰写本书的时候所用的计算机实际使用的代码。既然用一连串的0和1就可以传达一本书所有的信息，甚至比书中更多的信息，因此用一连串的G、A、C、T和U也能做到这一点（这里传递的是遗传密码）。

对于细胞迷人的细节——比如细胞内的分子机制，生命信息如何储存在DNA的基因编码中，如何借助RNA转录，制造氨基酸，然后再由氨基酸组装成蛋白质等——此处尚不是探讨这些的时候。[1]但是了解了DNA的确能够携带遗传密码这一点就足够了，可以让我们知道，要是想寻找可能是生命的先兆的分子，我们不应仅仅去寻找氨基酸和氨基酸的基本构成物质，还应该去寻找核糖以及构成核糖的物质。射电天文学家确实一直在寻找这样的生命基石，而且在进入21世纪

---

1. 许多书都讲述过此中的细节，包括我自己所写的《寻找双螺旋》（*In Search of the Double Helix*，伦敦企鹅出版社，1995年）。

后的最初几年中，他们已经发现了这样的物质。

　　具体来说，他们发现人马座的星际云的无线电频谱具有这些物质的痕迹，其光谱对应的是一种称作羟乙醛（CH_2OHCHO）的糖。这些星际云距离地球2.6万光年。[1] 在这些星际云的温暖地区以及寒冷地区（温度低到8K），都检测到存在有大量的这种糖。它之所以能形成，可能是在新的恒星形成时的震荡波穿越这些星际云，提供了所需的能量，使得相应的化学反应得以发生。很显然，那些化学反应还并不只于此，因为观测还揭示出，同一星际云中还存在乙二醇。乙二醇是一种由10个原子组成的分子，是在羟乙醛的基础上增加了2个氢原子，比cyanopentacetylene更有趣。这是在宇宙空间已经发现的最大的分子，是最常见的防冻剂中的活性成分。

　　发现羟乙醛也具有双重意义。从总体上看，这为我们提供了另一个例子，说明现在在太空中发现的分子，与实验里专门设计用来合成前生物分子的试验中所获得的，是一样的分子；尤其是，尽管羟乙醛是围绕2个碳原子构成的核心构建的，但是众所周知，它随时可以与三碳糖反应，形成核糖。迄今所有的证据都表明，银河系里各处的巨分子云中发生的化学反应都是相同的，正是这些化学反应，导致产生了包括氨基酸和核酸在内的复杂生物分子。剩下的两个问题是：

　　　巨分子云中的复杂性演化能走多远？

---

1. 这种糖中的原子与乙酸和甲酸甲酯中的原子是完全一样的，只是排列方式不同。另外，乙酸和甲酸甲酯也已经在星际云中探测到了。

以及

　　复杂分子是如何到达地球这样的行星表面的?

　　第一个问题的答案比较耐人寻味,它与星际云中含有碳元素有直接关系。宇宙中的碳之所以如此普遍,原因之一是碳燃烧只发生在质量为太阳的8倍的恒星内部。约有95%的恒星的质量都小于这一尺度,所以其内部的核燃烧从来未能超出将氦原子核变为碳原子核这一阶段。在恒星内部生成碳是一回事,但是让碳来到恒星表面并喷射到宇宙空间就是另一回事了。恒星看来确实完成了这种"戏法",因为研究光谱发现,在许多处于特定生命阶段的恒星周围存在的不断扩张的星际云中,存在有气态分子和尘埃微粒。这一阶段表明恒星的外层发生膨胀,变成了红巨星。由于历史的原因,人们称这种恒星处于"渐进巨星分支"(asymptotic giant branch),[1] 有时简称为AGB星。由于AGB星周围的物质运动得太快了,它们必定是在数千年的时间内扩散开的,现在证明在那些云中有分子和尘埃,表明这些复杂的结构以天文时间的尺度看,必定产生得相当快。

　　对于像太阳这样的恒星(即所谓的星族 I 恒星),其AGB阶段开始的时候氧比碳要多。计算机模拟表明,恒星核心生成的碳通过对流到达表面,然后在恒星薄薄的外层聚积,直到碳原子的数目超过了氧

---

1. 这一"分支"是恒星的光度与光谱类型的标准关系图上的一个区域,这个图称作"赫罗图"。赫罗图(Hertzsprung-Russel diagram, 简写为H-R diagram)是丹麦天文学家赫茨普龙及由美国天文学家罗素分别于1911年和1913年各自独立提出的。后来的研究发现,这张图是研究恒星演化的重要工具,因此把这样一张图以当时两位天文学家的名字来命名,称为赫罗图。——译者据《维基百科》

原子。[1] 只要条件合适，碳原子可以与其他碳原子以各种方式连接。正是这一奇特之处，使得碳对于生命具有了如此重要的意义。所以尽管大部分的碳与氧结合形成了一氧化碳（CO），另一些与氮形成了 CN，仍有一些剩下的碳形成了 C_2 和 C_3。光谱特征表现出含有这些物质的恒星称为碳星（carbon star）—— 当然，它们并非完全由碳构成。

在其生命的这一阶段，一个典型的 AGB 星会膨胀到太阳直径的数百倍，亮度达到太阳的几千倍。在如此大的规模下，该恒星表面的重力会非常微弱，而恒星的辐射造成的向外的压力则非常强。因此，从恒星表面逃逸的材料形成恒星风，每年会带走相当于太阳质量万分之一的物质。这听起来似乎不多 —— 但每经过 1000 年，就意味着该恒星会失去太阳质量 1/10 的物质，相当于地球质量的 33 000 倍。由于扩张的星云温度很低，许多稳定的分子能够在里面形成。研究人员在 AGB 星的光谱中已经发现了 60 多种不同类型的分子，其中包括简单的有机化合物，如 H_2CO 和 CH_3CN；环分子如三角亚丙基（triangular propynylidine）（C_3H_2，）以及我们那位有点乏味的老朋友 $HC_{11}N$。

在 AGB 星中分辨出的确定无疑存在的固体颗粒包括硅酸盐和碳化硅（SiC）。这些固体颗粒会吸收星光，并将其中的一部分能量以红外光再辐射出去；AGB 星周围环绕着如此多的尘埃，使用光学望远镜无法观测到它们，只有使用红外望远镜才能判断出它们是否存在。然而由于地球大气会吸收红外辐射，这样的恒星只能通过红外卫星探测

---

1. 当然，前提是这一进程能够持续足够长的时间；并非所有的恒星都能到达这一点。

仪或是位于高山顶端的望远镜才能看到。因此，观测研究AGB星周围星云中的各种分子及（尤其是）固体颗粒是一个新的天文学分支，发现的证据仍然会有各种不同的解释，对观测结果尚无明确的单一的解释。研究星周物质，我们还需对其恒星的红外光谱与实验室中研究的矿物光谱进行比较。但总是有这样的可能性，即星际环境可能会产生地球上未知的物质。不过，我们仍然可以推断出这些星云中进行的许多演化。虽然这里所呈现的结论中，有一些还只是主观的推论，是我们自认为知道的，但它们对生命的起源问题提供了诱人的线索。

　　并非所有巨星的大气都是碳占据主要位置。在某些情况下，碳原子的数量根本就没有超过氧原子。不论在哪种情况下，较少的物质都锁定到了二氧化碳中，虽然它最终可能参与其他反应。在富氧恒星中，产生的化合物大多是氧化物，而在富碳恒星中，产生的则多是有机化合物。不过，这两种物质都会扩散到空间，与原始的氢和氦混合，形成下一代的行星和恒星所需的原料。

　　最重要的氧化物（除了水以外）是硅酸盐，这是一种硅（有时加上其他元素）的氧化物。普通的沙子主要是由最简单的硅酸盐即二氧化硅（SiO_2）构成的。硅酸盐是地壳中最常见的矿物。而且在4000多个AGB星的光谱中，也已经发现了它。因此，它的来源没有什么神秘之处。使用轨道红外观测仪发现的与AGB星密切相关的其他氧化物，包括刚玉（是一种由氧化铝的结晶形成的宝石，其硬度在天然矿石中仅次于金刚石，大家更熟悉的名称是"红宝石"和"蓝宝石"），[1] 此外

---

1. 不过这并不意味着AGB星的大气层中有红宝石和蓝宝石。那里所含的这些材料是处在"无定形阶段"。

还有尖晶石，这是铝、镁和铁的混合氧化物。虽然这些发现很有意思，但是，这里我们真正感兴趣的是与富含碳的恒星相关的有机化合物。

即使在富含碳的 AGB 星中，在尘埃颗粒中最常见的且确定无疑的固体是碳化硅。人们已经在 700 个碳星中发现了它。但是，年龄越大的碳星，其碳化硅的光谱特征越弱，这说明，在那些恒星上，碳化硅已不再是尘埃的一个主要组成部分。从这里开始，许多内容就属于我们的臆测了。在一部分超越了 AGB 阶段的碳星的光谱中，仍然有强劲并尚未查明其内容的光谱特征存在。到 2004 年，人们只发现了具备这些尚未查明的特征中的第一种特征的 12 颗恒星。而且对于这种光谱特征，除了知道它是由某种形式的碳造成的以外，并没有其他明显的解释。但这一特点分布于红外波段中较大的范围内，而且没有包含某种分子的鲜明的谱线，如碳化硅。第二个特点存在于碳星光谱的不同波长范围（也可以说是分散在不同的波长范围内），显示的许多特点和第一种特点类似。这两种特征也许可以解释为许多环碳分子连在一起发出的红外辐射的综合效应，尽管目前尚无证据表明事实的确如此。

含有这些碳环的化合物称为芳香族化合物，因为它们往往有明显的气味 —— 当然这样的气味未必总是令人感到愉悦。典型的例子是苯。苯分子（C_6H_6）由 6 个碳原子连成六边形，每个碳原子连接到 1 个氢原子。这一结构被称为苯环，是所有化学家叫作芳烃的分子的核心，有时是由 1 个不同的元素的原子替换掉碳环中的 1 个碳原子。

在这种分子的一个例子中，多出来的1个碳原子被1个氧原子取代，形成了吡喃环（pyran ring，C_5O）。吡喃环容易形成长链，其中每个环，由1个氧原子作为两者之间的桥梁，附在其相邻的环的任意一端。一般情况下，这种长链被称为聚合物。在这一特殊情况下则称作多糖。一旦存在少数这样的链，它们就会倾向于结合更多的碳原子和氧原子，使它们成为更多的吡喃环。此外，如果一个环断开了，就会产生两个多糖链。生命的关键特性在于能够成长和繁殖，尽管多糖还算不上有生命，但这说明生命的这种关键特性，可以随着化学反应变得更为复杂而自然地产生。

最重要的是，乙炔（C_2H_2），即苯和其他芳香族化合物的基本组成物，是在这些星云中已经确认存在的分子之一。碳星光谱的广泛特征恰恰处于与苯环的CH和CC键的拉伸和弯曲相联系的红外光谱部分，它们所产生的特点被统称为芳香族红外波段，或AIBs。在实验室中，要想测量其光谱，很难模拟这些复杂的结构在深空存在的环境。然而，接近真空的环境下，温度接近绝对零度，通过激光束探测合成物化学结构，奈梅亨大学在2002年进行了一系列实验，提供了迄今为止最好的证据，证明我们的判断是正确的。但是，要想解释从太空获取的光谱的特征，只能是很多苯环连在一起，形成一整片或是六边形的环，成为大量的碳材料，含有至少数以百计的碳原子。这种许多苯环的组合被称为多环芳烃，或者PAH。它们也可与碳基链连成规模较小的分子，这些链又可以作为桥梁，构成其他的成片的多环芳烃。地球上有一种非常常见的物质，基本上就是这种结构，那就是煤。

我们所看到的碳星的宽频红外辐射带，其实是来自我们自己的太阳系。有强有力的间接证据表明，这是正确的解释。陨石是太阳系形成阶段遗留下来的碎片，有时会落到地球上，其所含的物质可能代表了太阳系形成时期，星云气体和尘埃中所含有的固体物质。陨石中最常见的有机物质是油母质，这是一种像煤的材料，是油页岩的固体有机组成部分，加热后会产生类似石油加热所产生的碳氢化合物。这并不意味着煤和石油来自宇宙空间。我们认为多环芳香烃可能是生命产生的基本元素之一，而煤和石油则是曾经存在过的生命的残留，因此它们是在生命故事的另一端——生命真可谓是"本是煤炭，仍要归于煤炭"，而不是像圣经里说的那样"本是尘土，仍要归于尘土"。[1]

2005年，NASA的"深度撞击"太空探测器故意撞向坦普尔1号彗星，使用地球上的斯皮策望远镜在红外波段分析了撞击所激起的彗星物质。结果令许多天文学家感到惊讶（但不包括那些一直研究这里所叙述的话题的人），从彗星材料所获得的光谱揭示了那里存在有硅酸盐、碳酸盐，黏土状的材料、含铁化合物，以及类似于烧烤火堆中或汽车尾气中所具有的芳香烃化合物。一直关注我们这里所描述的研究的人，对这些发现感到满意。这就像将拼图的又一块完美地拼合上了，让我们对产生生命所不可或缺的物质是如何来到地球上的有了进一步的了解。

陨石还能为我们揭示生命起源的其他方面的奥秘。我们已经提到，生命大量使用碳、氢、氧和氮这4种最常见的反应元素。在生命分子

---

1. 原作者在这里借用了出自《圣经·创世记》的说法ashes to ashes，戏拟为coal to coal（本是煤炭，仍要归于煤炭）。圣经原文是：你必汗流满面才得糊口，直到你归了土，因为你是从土而出的，你本是尘土，仍要归于尘土。——译者注

中，其他元素的含量要少得多。它们本来相对也较匮乏，因此这不难理解。但是有一个奇怪的例外。我们已经看到，磷是核酸的一个重要组成部分，而且在其他的生命分子中，它的含量也出奇的高。为了更好地理解这一点，可以看一下这一比例：在整个宇宙中，每有1400个氧原子才有一个磷原子；但在细菌中（单细胞有机体，从许多方面讲，它们是生命的基本单位），每72个氧原子就有1个磷原子，从质量方面考虑这使磷成为生命中处于第五位的最重要的生物元素。其原因在于，磷具有不同寻常的机制，能够与其他原子形成联系。由于在磷原子中，量子力学的一种奇怪现象会影响其中的电子，使1个磷原子有时可能同时与其他5个其他原子产生化学键。这使它能够形成大量的分子的组成部分，并将其他化学单位以复杂而有趣的方式链接起来。一旦知道了这一点，我们就会毫不奇怪地发现，磷是复杂性生命的一个重要组成部分。它能够形成多种化学键的这一特性，弥补了其数量的不足。[1] 任何1名园丁或农民都能会告诉你，磷肥对于植物有多么重要。那么这和陨石有什么关系呢？这是因为许多陨石含有磷，而且通常是与铁和镍形成某种矿物形式。2004年，亚利桑那大学的研究人员进行了一个简单的实验，使用了这样一种矿物，称为磷铁镍陨石，将其在室温下投入普通的水中。由此产生的化学反应产生了各种各样的磷化合物，其中包括氧化磷P_2O_7。多个生化过程会用到这种化合物，它和一种称为三磷酸腺苷（ATP）的化合物类似，后者用来储存所有生命细胞中的能量。三磷酸腺苷的其中一个作用是为肌肉收缩提供动力。这样，我们再一次在宇宙空间找到了存在生命产生所需的基石的证据。此外人们还发现陨石也含有氨基酸（这确定了构成蛋白质的这

---

1. 相比之下，另外一个极端则是氦，它占到宇宙中重子物质的28%，但它不能与任何物质形成稳定的键，因此生命分子中根本没有它的影子。

些基本构件已经存在于太阳系形成时所用的基本物质中）、羧酸和糖类，包括甘油（这是现在地球上的所有细胞在形成细胞壁的时候所需的一种糖）和葡萄糖（一种六角形环分子$C_6H_{12}O_6$，对于呼吸有重要作用）。

关于陨石中的分子还有其他的一些发现，提供了如今地球上的生命和起源于宇宙空间的分子之间的联系。诸如氨基酸以及更有趣的糖等分子具有独特的三维形状，而且通常能以两种镜像的形式中的任意一种存在，就像一副手套的左右两只一样对称。这些通常被称为左旋（左手）和右旋（右手）分子异构体。而左右旋是根据分子对偏振光的影响判断的。我们可以将偏振光想象成沿伸展开的绳索传递的垂直涟漪。左手和右手异构体的影响，是改变涟漪的角度，因此，本来垂直的涟漪出现了向左或向右的倾斜。化学家用组成它们的基本原子合成这些分子得到了同等数量的"左手"和"右手"形式的异构体。量子化学的定律不偏向任何一方。但是，地球上的生命却有偏好，它们几乎完全使用左旋氨基酸制造蛋白质，用右旋糖制造核酸。一个DNA分子不可能使用左旋脱氧核糖，就好像左手的手套没办法戴到右手上。[1]

这样一件事首先告诉我们（确认了其他的证据），现在地球上所有的生命都是来自一个共同的祖先。如果这一祖先的生命形式——可能是原始的细胞——正好利用了这一类异构体，其所有的后代将继续这样做，而根本不管周围的环境中还存在这些分子的镜像版本。所以，直到最近，人们觉得似乎存在某种比较好玩的可能性，那就是

---

1. 一些低热量甜味剂的奥秘正在这里。如果它们是用左旋糖制造的，即使味道仍然是甜的，可人体无法吸收它们。

如果我们在附近的行星上发现与我们类似的生命形式，可能会发现它们可能使用右旋氨基酸和左旋糖，或是使用同样方向的两种分子。这引发产生了不少的科幻小说，故事中提到滞留在其他星球的旅客虽然周围的食物很多，但却不得不挨饿，因为他们的代谢系统无法吸收外部世界的食品。但在20世纪90年代末，天文生物学家发现，陨石中的氨基酸也是左旋的。在太阳系形成之前，不对称性已经存在于生命的分子之中了。

有两种方法可以让一种分子的数量超过另一种。要么是一开始就制造更多的某一类型的同分异构体，要么就在制造出它们后，把另外一种破坏掉。在实验室中，人们可以用圆偏振光效应去除某种异构体。[1] 天文学家使用建在澳大利亚赛丁·斯普林（Siding Spring）山的英澳望远镜发现了来自猎户座分子云的圆偏振光（在红外光谱部分），这就把拼图的最后一块拼合上了。这是一个恒星正在形成的区域，而且在这里发现了有机分子。看来这一区域的圆偏振光肯定会在星云崩坍，形成新的恒星和行星之前，在这一区域的有机分子上留下印记，使得其中的一类多于另一类。

这意味着，在一群恒星共同形成的时候，物质的左右旋特性就会形成。但是，由于圆偏振光本身就可能是左旋或右旋的，根据其旋转方向不同，不同的星际云中的分子（甚至是在共同的星际云中不同区域的分子），都可能会受到不同的影响。因此，虽然现在已经肯定，如果太阳系的其他地方有氨基酸存在，也肯定是像地球上的一样是左旋

---

1. 这一点很难形象地描述，但圆偏振光的表现就好像是光波本身在空间移动的时候就发生旋转，就像把螺丝旋入一块木头一样。

的，但是不同的变化形式仍可能存在于银河系的其他地方。因此，那些科幻故事可能的确没搞错，只要故事中的空间旅行者旅行得足够远。

到目前为止，这已经足以证明构筑现在的生命形式的砌块，早已存在于构成太阳和家族的所有行星（包括地球）的物质之中了。我们也看到，这些物质能够包裹在陨石内降落到地球表面。这本身可能已经足以启动地球上的生命进程。但是还有另外一种更美妙的方式让有机物质落到地球上，这在太阳系年轻的时候更为有效 —— 包裹在彗星内部。

现在，彗星已不再是引起我们的祖先迷信恐惧的神秘物体了。驯服彗星的工作是从18世纪开始的。当爱德蒙·哈雷正确地预测了那颗现在以他的名字命名的彗星的回归的时候，就表明它们已经成了太阳系的普通成员，同样受到引力的作用，与绕太阳运行的物体一样遵循同样的物理定律。近年来，人们除了从地面上研究彗星的光谱之外，还通过太空探测器近距离造访过它们。最富戏剧性的探测是2005年NASA用一个探测器撞向坦普尔1号彗星，提供了近距离的图片，并使彗星物质喷发出来，其光谱（毫不令人惊讶地）揭示了在彗星上存在大量的水。实际上，对彗星最好的描述，是可以将其视为宇宙空间的脏冰山 —— 以前人们就称它们是脏雪球，但现在我们知道，它们比雪球可要坚固得多。彗星中的很多尘埃都是有机材料以及碳化合物，虽然这些尘埃只占彗星质量的一小部分，但彗星的总体体积非常巨大（哈雷彗星的质量约为3000亿吨），因此，即使是总额中的一小部分，其绝对质量按人类的标准来说也大得惊人。而这还只是一颗彗星。

彗星可分为两个家族，其区别仅在于其轨道。一种是所谓的短周期彗星，沿椭圆轨道运行，轨道范围和太阳系行星的大致相同。比如，哈雷彗星的轨道最远稍微超过了海王星，靠近太阳的时候则接近金星，每76年完成一次循环。在其公转的大多数时间内，它只不过是一坨肮脏的冰块。但是，当其开始靠近太阳，其表面变得足够热，物质会蒸发，形成一个长长的尾巴，这就是给我们的祖先彗星留下深刻印象的所谓"扫帚星"。哈雷彗星下一次回归是在2061年，到时它很可能会变得毫不起眼，因为那时它处在太阳系的一个错误的位置，无法给地球上的人提供良好的视角；但在2134年，哈雷彗星将在距离地球1400万千米以内经过，会在天空留下极为壮观的景象。现在已经有100多个已知的短周期彗星，其轨道已经被确定。

长周期彗星的轨道更为扁长，使它们能够运行到更加远离太阳的地方。历史上，人们给长周期和短周期彗星制定了一个任意的标准，即轨道周期为200年，但这一历史事件却带有误导作用。虽然人们已经确定了500多个长周期彗星的轨道，可是彗星之间真正重要的区别，是有周期的彗星和因轨道过于扁长而无法计算其精确周期的彗星之间的区别。它们似乎从深空中突然出现，扫过太阳，然后再次消失，并且似乎永远不再回来。

轨道计算结果表明，所有轨道周期已知的彗星，都可以被解释为原本是具有超长周期的彗星，后来被木星引力捕获，被困在了木星引力影响的区域。但是，计算还表明，每100万颗这样的"野"彗星中才会有1颗被木星引力捕获。因此，在宇宙空间的某个地方，必然还存在一个蕴藏着众多彗星的区域，为我们的太阳系提供了稳定的造访者，这样才能解释为何人们已经发现有数百个轨道时期已知的彗星。

计算表明，这些非周期彗星的轨道的起点大约都距离太阳约 10 万个天文单位，是到太阳最近的恒星的距离的一半。[1] 这让人们认为，在这个距离附近，存在一个巨大的彗星云团，包裹着太阳系。这一彗星群被称为奥皮克-奥尔特云（the Opik-Oort Cloud），这是以两个最先提出这一观点的天文学家的名字命名的。在半个世纪的时间里，人们不断辩论这一彗星云是否存在，以及如果它确实存在，彗星最初又是如何到了那里的。但是在人们研究了像绘架座 β 星（Beta Pictoris）这样的年轻恒星周围的尘埃盘之后，这一辩论已经尘埃落定。这些研究揭示出一个关键的问题，即彗星真的是"最初"就在那里了，在太阳系产生之初，这个彗星资源库就填满了。

在计算机模拟的太阳系形成过程中，如果允许太阳系周围也存在像绘架座 β 星周围那样的星盘，其中包括的物质比太阳系本身还要多，模拟表明，尽管随着系统稳定下来，大多数的物质会抛入宇宙空间，还有相当于几百个地球的物质，即比太阳系所有行星加在一起的质量还要多的物质，仍然以彗星的形式保留下来。其中有些物质是在海王星轨道以外绕太阳运行，另外还有一些，即最少相当于 100 个地球质量的物质，位于奥皮克-奥尔特云中。这些材料足够构成 2 万亿个哈雷彗星大小的物体——对太阳系来说，简直是一个取之不尽的彗星储备库。即便每年有 20 颗这样的彗星飞向太阳——这一速率远远超过现在正常的速率——那么自太阳诞生到目前为止，储备库中

---

1. 比较一下，我们就能知道这一轨道有多长了：海王星是距离太阳最远的行星，它离太阳的距离刚刚超过 30 个天文单位。

只损失了5%的原始彗星。

在该彗星云中，一般的彗星都是悠闲地以每秒100米的速度绕太阳运行，这样的速度只是奥运会短跑选手速度的10倍。它们在数十亿年的时间里都以这样的速度运行。彗星云中只是偶尔出现一些干扰（也许是附近的1颗恒星产生的引力影响，或是2颗彗星之间的相互作用），会让其中1颗或数颗脱离群体，然后飞驰进入太阳系内部，而其他的绝大多数彗星的引力，则对脱离群体的彗星产生巨大的拉力，使它们像印地500赛车中的车辆那样，飞速运行，然后消失在太空。在这些太阳系的访问者中，每100万颗里面才有1颗，会受到木星引力的作用，进入绕太阳运行的短周期轨道。有时，彗星会和木星发生碰撞［如苏梅克－列维9号彗星（Shoemaker-Levy 9）在1994年撞击了木星］或是与其他行星发生碰撞。彗星如果撞上地球，引起的可能是一个区域的灾害（就好像1908年发生在西伯利亚地区通古斯的撞击），或是全球性的灾难（例如似乎发生在6500万年前白垩纪末期的全球性灾难）。但是，彗星撞击地球在带来死亡的同时，也可能会带来生命。

很明显，彗星是由从太阳系形成所使用的星云气体和尘埃等典型原始材料构成的。这意味着它们可能含有在巨分子云（GMCs）中能观测到的所有成分，此外还加上空间存在的，尚未被我们所确定的更复杂的分子。例如，由于一些陨石含有氨基酸，如果至少有一些彗星不含氨基酸，那么也会让人感到惊讶。同样明确的是，在太阳系年轻时，即行星刚刚形成，尚未进入稳定状态之前，这里一定曾有过更多的流浪的彗星。模拟计算结果向我们展示了，在太阳系的早期阶段，许多彗星是如何飞入太空的，其中有不少朝着太阳飞去，最终被行星吞噬了。正如我们已经看到的，月球上的环形山，就是40亿年前所发生的多次撞击的无声证明，而且，不论撞击我们的邻居月球的东西是什么，同类的东西肯定也撞击过地球。而且很可能，地球上相当大比例（也许是全部）的水，就是由于这种撞击被带来的，此外还包括其他彗星物质。有机物质可能在撞击之后仍能存在，但是我们并没有非要从这一角度去考虑，因为有机材料还有其他更温和的途径降落到地球。

　　彗星最明显的特征，是当它们在太阳附近飞过的时候，会丧失一部分物质。如果太阳的热量使得其内部的冰态物质汽化，它们还有可能分解成较小的碎块，在分解的过程中喷射出更多的物质。当其绕太阳轨道飞行几次之后，短周期彗星就会在它的整个轨道上留下尘埃印记；当地球穿过这种尘埃轨迹时，我们就会看到流星雨，因为彗星留下的尘埃会在地球大气层中燃烧，形成一道道光芒。每年，都会有两次这样的流星雨一次是出现在11月（狮子座流星雨），另一次在8月（英仙座流星雨）。但有一些尘埃不会燃烧。较小的会缓缓地穿过大气层，到达地球表面时还保持完好无损。

　　即使是现在，每年这样降落到地球的彗星尘埃也会给地球增加300吨的有机物质，而陨石则贡献大约10千克有机物，这些物质安全地密封在岩石内，可以穿越大气层而不受损。我们的星球刚刚经历过原始的轰炸期时，肯定会有更多的此类尘埃处于太阳系的内部。根据我们前面讲述的模拟进行保守的估计，那时，每年彗星将大量有机物质带到太阳系内部，其中约1万吨的此类物质会落到地球表面。这些物质基本上纯粹是巨分子云中的物质。约1亿年后，地球上刚刚出现生命的迹象。到那时，地球上已经累积获得了极大量的有机物质——即含有碳的多元分子。根据这些初始条件，要是生命竟然没有抓住机会，在地球表面繁衍生息下来，倒是很难想象的了；剩下的问题是，在这些彗星物质尚未到达地球时，它们究竟如何接近于"有生命"的状态？

生命的基本单位是细胞。生命的化学过程需要像蛋白质和核酸这样的分子的参与，将氨基酸和糖类等亚单位组装起来；但是，这种化学过程只能发生在细胞膜构成的防护墙内，与外部环境隔开。如果单个的DNA和蛋白质分子松散地浮在海面上，它们就很少有机会结合起来，完成令生命变得有趣的那些工作。显然，生命之所以产生，在于将关键的分子禁闭在一个特别的地方，使它们可以相互合作。关于生命开始的地点，已经有过许多的提法——一种有趣的可能性，是把关键的分子困在类似黏土的物质层中。我们将要简要介绍的假说并不是唯一的，而且也未经证明；但它却优于其他的假说，并且适合所有的已知事实。

大多数细胞都很微小，其直径也许只有1/10或百分之一毫米。人的身体包含大约10万亿个这类细胞[1]。它们共同努力，以使你能够成为你；但是，像细菌那样的单细胞生物自己也能过得很好。细胞最重要的特征，就是细胞膜包裹住了内部的水状流体，后者称为细胞质。生命的化学反应都发生在细胞质中。这种与外部世界的屏障只有千万

1.这比在银河系中明亮的恒星的数量还要多几百倍。

分之几毫米厚，并允许某些分子进入（基本上是"食物"），并允许某些分子出来（废物）。膜根据这些分子的大小和形状进行甄别。为了使不同的分子能够按不同的方向通过，细胞膜的结构就不能像一道带有窟窿的砖墙那样，而是要有特定的"内"和"外"。最简单的单细胞有机体，其细胞内部结构最简单，而且人们会很自然地假设，它们代表了单细胞物种原始的生命形式。化石证据表明，直到大约6亿年前，复杂的多细胞有机体才出现在地球上，这距离单细胞生命出现已经过去了大约3万亿年。像我们人类这样的生物要到更晚的时候才进化产生。但是这里，我们只对生命的**起源**感兴趣，因此我们要集中讨论这些原始的单细胞生命。它们总是被一种化学复合膜包围。这种膜是由被称为氨基糖的长链（聚合物）分子构成的。这些分子链由其他化学单位（称为多肽的短链氨基酸）连在一起，组成一个网状物，有点像日常使用的网兜。这里我们要强调的一点，从参与的化合物的名字即可顾名思义 —— 构成细胞壁的亚单位是氨基酸和糖类，两者都很可能是存在于太阳系形成所依据的星云中，而且两者都可能是彗星尘埃的组成部分。

20世纪90年代后期以及21世纪初，美国航天局的科学家和加州大学圣克鲁斯分校的研究人员进行的实验表明，这种膜结构的形成可能与巨分子云中存在的冰冷尘埃颗粒有关。他们将已知存在于巨分子云中的简单的化合物的气体混合物进行冰冻 —— 包括水、甲烷、氨和一氧化碳，以及最简单的酒精、甲醇等 —— 将这种混合气体凝结到小铝块上，冷却到 −263℃，就像是寒冷的冬夜汽车挡风玻璃上凝结了一层霜一样。然后，使用紫外线辐射照射冰颗粒，模拟其受到年轻恒星的辐射的状态。结果所产生的最终物质，包含有更为复杂的醇、醛，以及较大的有机化合物，称为六亚甲基四胺（HMT）。但是，真正的戏剧性发现是在研究小组将这些物质放到温暖的液态水中时产生的。他们发现，一些组成物质自发形成了空心小球（称作"囊泡"），直径在百万分之十至四十米左右 —— 尺寸和血红细胞相似。

　　一旦你理解了用紫外线照射冰所产生的一些复杂的有机分子的性质之后，就会发现这其中的解释很简单。这些特殊的分子被称为两亲物，它们的行为和洗涤剂分子的类似。这种分子有一个独特的"头"和"尾"结构，尾部受到水的斥力，而头部受到水的吸力。洗涤剂的效应是其分子的尾部埋在灰尘中，因此洗涤剂分子会包围尘埃颗粒（借助一点晃动），使它们从所洗的东西上被冲走。然而，在模拟太空环境的条件下，两亲物的尾部由于埋不到任何东西中，会形成双层，其尾部在内，头部在外。这些层会发生自然蜷缩，形成很小的空心球。此外，它们会吸收紫外线，因此囊泡的内部成了避风港，里面的化学反应可以在不受外来干涉的情况下进行下去。

　　对于这些新发现的保守解释是，来自彗星尘埃的囊泡，曾经飘浮在年轻地球的水域中，周围还包裹着来自宇宙空间的其他有机物质，而且在一些温暖的小池塘里，像氨基酸和糖类等物质就会开始发生反应，启动了将导致生命产生的进程。而我所喜欢的更为激进的解释，是在彗星冰冷的团块内，由于超新星爆炸所产生的一些半衰期较短的同位素衰变而产生辐射可以起到加热的作用，在小水坑里可以形成囊泡，里面会充满复杂的有机分子，并最终会形成生命的分子。即使这种假说没有别的特别之处，它至少可以将非生物物质演化形成生命物质所用的时间，从地球表面的几亿年，延长到宇宙空间的几万亿年。即使后来彗星又冻结成固体，囊泡将耐心等待，准备好解冻；并在它们变成太阳系和其他类似星系内的彗星尘雨一部分的时候，把生命的种子送到某颗行星的表面。

在21世纪的第一个10年里，这一想法仍然被看作非常大胆的猜想。但值得注意的是，第一个提出这种设想的人，是天体物理学家弗雷德·霍伊尔。而且他是在20世纪70年代提出来的。那时，霍伊尔的这一想法基本上是被人一笑了之，这不仅是因为这一想法有点离经叛道，而且他和他的同事钱德拉·维克拉马辛一起甚至提出，像流感这样的疾病也可能是被彗星尘埃带到地球的。不过现在看来，霍伊尔的假说倒是合理性多于谬误，虽然他有点儿离谱。[1] 细胞最先产生，其次是酶，然后才出现基因这一想法的历史更为悠久，可以追溯到奥巴林（A. I. Oparin）在20世纪20年代的研究工作，虽然有关第一个细胞是在太空中产生的提法出现得要更晚一些。有人说，在科学上，新的想法总是首先被当作无稽之谈，然后变成革命性的新理论，并最终被看作不言自明。[2] 关于生命本身起源于深空并在后来由彗星带到地球的观点，我们目前可能处在新观念的第二阶段。

这是正在被人们认真考虑的最极端的一种可能性。对于"生命来源自哪里？"这一问题，我个人的答案会是，"它来自巨分子云冰冷的物质中，来自构成行星和恒星的物质中。"但是，另外一种提法，即

---

1. 如果诸位允许我在此也小小地沾沾自喜一下的话，我想说在我的1981年出版的《创世纪》（Genesis）一书中，我也表达了类似的观点。
2. 或者，我们可以引用德国哲学家亚瑟·叔本华（1788—1860）的话："所有的真相都要经历三个阶段。首先，它会被人嘲笑。接下来，它会遭到激烈的反对。第三步，它会被公认为不言自明之事实。"

"在地球上一些温暖的小池塘中，由彗星带到地球的复杂的有机分子迈出了自我复制的关键的一步"，倒是显得有些"保守"了。无论生命如何起源，毫无疑问的是，所有的类地行星上，在其年轻的时候，都会带有相同类型的有机物质。这意味着，在整个宇宙空间，生命很可能是普遍存在，而且所有的生命都基于同样的基本组成部分，即氨基酸及糖类。当然，宇宙中其他地方的生命所使用的氨基酸和糖类可能与地球上的生命所使用的不同。然而，**智能生命**在其他地方是否有可能存在，则是另外一个问题了，已经超出了本书讨论的范围。我们这里所面临的最后的大问题是："一切将如何结束？"

第 10 章
一切将如何结束？

从地球上的生命证据 —— 这是我们仅有的证据 —— 判断，生命一旦扎根在行星上，就会有很强的适应力。人类自己的创造给人类文明的前景增添了许多不确定因素，这包括战争、人为气候变化以及环境的退化。[1] 人类能否逃过这些劫数，不是科学需要辩论的题目，因为这完全取决于人类的政治意愿。例如，现在已经有令人信服的科学证据，表明人类活动正在以极高的速率使地球变暖，但我们究竟应否为此采取对策，却是一个政治决策。同样的，用我们已有的科学和技术知识，我们能够养活比地球上现有人口多得多的人，但是仍有大量的人由于政治决策的原因在挨饿。未来数百年（或未来数十万年），无论这样的决策结果如何，也无论发生什么情况，生命都将继续下去。毕竟，地球上最古老的生命形式 —— 单细胞细菌 —— 已经存在了近40亿年，不论生存环境发生了什么变化，它们都活了过来。

对地球上生命最大的自然威胁，可能与让地球充满生机的是同一事件 —— 来自太空的撞击。地质记录表明，多个物种的灭绝（不只是独立生命个体，而是整个物种），在我们的星球上已经发生了多

---

1. 大家读一下马丁·里斯（Martin Rees）《我们最后的世纪》（*Our Final Century*，2003年出版）一书，就能很好地感受到这一点。

次，其中一些事件必然与陨石或彗星撞击地球存在联系。其中最有名的物种大灭绝事件发生在6500万年前。在这场恐龙灭绝事件中，人们认为陨石发挥了一部分（或许占主导地位的一部分）作用。这是生命开始在地球上演变以来所发生的5次最大规模的生物灭绝事件中距今最近的一次。第一次发生在约4.4亿年前，第二次在3.6亿年前，第三次（最大的一次）在约2.5亿年前，第四次在2.15亿年前。虽然发生在6500万年前的大灭绝［称作白垩纪-第三纪灭绝事件（Cretaceous-Tertiary extinction event）］虽然不是最大的一次，但我们对这次灭绝事件了解得最多，因为它离我们近。在白垩纪末期，地球上超过70％的物种灭绝了。类似的灾难如果发生在今天，人类以及许多其他的物种几乎肯定会灭绝。而前述的五大灭绝事件则更具破坏性。但是，这里我们所要强调的，并非是在地球的生命历史上已经发生过如此之多的物种灭绝事件，而是要说，尽管如此，生命仍在继续。每一场劫难之后，都会有新的物种进化产生，适应发生了变化的环境。这种情况已经持续了约40亿年。那么，什么样的事件才能让地球上的生命全部灭绝？

唯一确定的答案是，似乎当太阳处于其生命的末期时会膨胀变成一颗红巨星，使我们这个星球将变得无法居住（即使是细菌也不行）。我们对这一过程了解得很多，使我们坚定地回到了我们认为我们"知道"，而不是我们"以为"我们知道的领域。

顾名思义，红巨星之所以得名，是因为它们是红色的，而且很大。所有像太阳这样的恒星在核燃料用尽之后都会遭此劫难。只要在太阳的核心有足够的氢提供能源，通过转换质子（氢核）变成氦核使外层能够抵御自身的引力，太阳就能基本无恙，地球上的生命也就能基本无恙。[1] 总体说来，太阳的燃料足够燃烧大约100亿年，而到目前其长时间的稳定期尚未过去一半。这无疑是好消息。

当像太阳这样的恒星核心的氢燃料耗尽，它就无法再抵御自身的引力，因此会缩小。但是随着内核缩小，恒星会释放出引力能量，从而使核心温度升高，这种额外的热量会使得恒星的外层膨胀进入宇宙空间。由于恒星内核变热，更多的热会从其表面释放。但是，由于恒星不断扩大，其表面积也会增加，因此这两种变化的净效应是，虽然恒星表面总的热量增加了，但是每平方米表面释放的热量实际上却下降了，因为表面积增加得更快。因此，尽管有更多的能量释放到太空，其表面温度会下降。这就是为什么红巨星是红色的，而不是黄色或蓝色的 —— 红色且热的物体的温度比蓝色热物体的温度低。但是，这个第一次的巨星经历很快就会过去。恒星内核中额外的热量会点燃氦燃烧，氦原子核融合在一起形成碳原子核。这一过程释放的能量可以使内核略有扩大，温度略有降低，而外层则会从其扩张状态退缩回来。

当内核所有的氦用光后（这只需1亿年，远远比不上恒星生命过程中的氢燃烧阶段），同样的事情会再次发生。恒星内核再次缩小变热，而外层扩张得更厉害，使其成为超巨星。碳是像太阳这样的恒星核合成的终点，而且我们也已经看到，制造更重的元素的过程只能发生在更大的恒星中。不过，与太阳质量相当的恒星在一段时间内能保持在超巨星状态，其内核是碳核心，内核向外还有一层壳，其中的氢

---

1. 这里我们说只能是"基本"无恙，是因为在这一长期的生命阶段内，太阳实际上会逐渐变热，在不太遥远的将来，即使细菌能够生存下去，这种变化也会让人类这样的生命形式感到不适。

燃烧成氦。这使得其内核不断变得更大更致密，而恒星的外层则持续扩张，将许多材料抛入太空。最终，当所有的燃料耗尽，恒星将冷却收缩成白矮星。这时恒星燃烧的灰烬，质量与太阳一样，但体积却不大于地球。

许多常见的说法（甚至一些教科书也这么说，按说其作者本应该了解得更全面）告诉我们，75亿年后，当太阳变成红色超巨星，地球就会被太阳吞没。按照这些情况估计，地球上的生命会在大约55亿年后灭绝，那时太阳会变得比现在明亮2倍，会将地球烤焦。但是，做出如此预测的人所犯的错误在于，在每一步计算中，他们使用的都是太阳目前的质量，而且当他们拿恒星（其中包括红巨星）的观测数据进行对比的时候，找的也是与现在的太阳质量相同的对象。他们没有考虑太阳的质量会随着年龄增加而减少，而且尤其是在扩张阶段，质量会丧失很快。目前质量和太阳相同的红巨星，其起始质量要比太阳大得多，而起始质量和太阳相同的恒星在变成红巨星的时候，质量则会减少很多。即使只是粗略地计算一下，也表明地球永远不会被太阳吞没。当然了，依照自然进程的发展，它有朝一日的确无法作为生命的家园继续存在，一些更有见识的预言家早已表明了这一点。但是现在我们可以做得更好。在英国萨塞克斯大学，我的一些同事对太阳和地球的命运进行了更准确的预测。他们的预测为我们提供了关于这颗星球长期命运最好的指南。[1]

---

1. 彼得·施罗德，罗伯特·史密斯和凯文·艾普斯，《天文学与地球物理学》(*Astronomy and Geophysics*)，卷42，页 6 — 26（2001年12月）。

　　目前，地球轨道距离太阳约1.5亿千米。[1] 他们的计算（以及对银河系中现在观测到的红巨星的对比）表明，当太阳第一次变成红巨星，即使在去除质量损失之后，其半径也会扩张到1.68亿千米，这似乎足以吞没地球。但是到那个时候，由于它已经失去很多的质量，其对行星的引力也会大幅度降低，地球将飘移到半径为1.85亿千米的轨道上。而在扩张的后一阶段，由于太阳外层的质量损失很多（当它变成红巨星时，会损失其初始质量的20％），驱动氢燃烧的燃料会减少很多，事实上，太阳自身永远不会变成"超巨星"——在第二个扩张阶段，其半径将增加至只有1.72亿千米，还比不上在第一个红巨星阶段扩张的幅度，仍不足以吞没地球。到那时，太阳损失的总质量将达到起始质量的大约30％，地球的轨道半径将扩大到2.2亿千米，比目前的轨道半径增加了几乎50％。这几乎完全就是目前火星的轨道，而届时火星会飘移到更远的轨道上。

　　随着这一切次第发生，在第一个扩张阶段，太阳的亮度将增加至目前的2800倍，在第二阶段成为巨星时则会增加至4200倍。但是即使在其最明亮的时候，其表面温度却会下降一半以上，从目前的5800K下降到只有2700K。

　　这一新的预测并没有给水星和金星这两颗内行星带来多少希望。水星是如此接近太阳，远在太阳达到其最大尺寸之前就会被吞噬了，而且虽然在太阳的第一个扩张阶段，金星的轨道半径将从目前的1.08亿千米扩大到1.34亿千米，但它仍然处于那时的太阳表面的3000

---

1. 严格地说，是距离太阳核心1.496亿千米；太阳的半径为140万千米，因此距离太阳的表面"只有"1.482亿千米。

万千米以下。一旦陷入太阳的大气中，金星将很快坠落到太阳内部，走向末日。

地球需要多长时间会变得让人类这样的生命感到不适这样的问题有些不切实际，但我们可以利用这些计算，从宇宙的视角来考虑人类现在面临的一个问题。现在科学界公认，到21世纪末，人为的温室效应很可能会使地球的平均气温升高至少5摄氏度（实际上，这是一个相当保守的估计）。太阳逐渐变暖也会在8亿年的时间内产生同样的变暖效应。换句话说，人类活动将这一进程的速度加快了1000万倍。苏塞克斯大学的研究小组提出，如果我们把海洋开始沸腾视作地球不适宜像人类这样的生命形式居住的标志，那么假设我们停止干扰地球热平衡的活动，这一情况将在57亿年之后出现。[1] 也许，对我们的后代或（更可能的情况下）地球上演化出现的任何新的智能物种来说，他们将有足够的时间在宇宙空间寻找到新的家园。但还有另一个局部的办法解决这一问题，也许我们无须认真对待它，但是这却表明不论多么小的效应，一旦放到天文时间背景下，也会累积产生巨大的效应。

任何对使用无人驾驶空间探测器探索太阳系感兴趣的人都知道，这些探测器在飞往遥远的行星的时候，往往要借助其他行星轨道的引力加速效应 —— 比如金星或木星 —— 利用行星的引力来给探测器加速。由于在我们所处的宇宙中，没有任何东西可以"不劳而获"，一切

---

1. 当然，到这种情况发生的时候，离太阳更远的地方，如木星冰冷的卫星木卫二上，将有可能成为温暖并适合于生命生存的地方。一些天文学家因此认为，在宇宙中寻找生命的空间时，也应考察周围存在行星系统的亚巨星，而不只是搜寻像太阳一样的恒星。

皆须付出代价，这意味着，被利用的行星会失去相应数额的能量。但是，由于探测器的质量比起行星的质量来说非常微小，因此这一影响可以忽略不计。我们也可以反其道而行之，派遣一个探测器飞往一颗行星，利用行星引力的作用使探测器减速，从而给该行星增加一丁点能量。但是，这样做意义何在？如果"探测器"足够大，而且该行星是地球的话，这么做就有意义。

21世纪初，一组美国研究人员只是为了好玩，计算了一下为了抵消太阳随着年龄的增长逐渐升温的效应，地球轨道需要远离太阳多远。他们发现，只需利用现有的技术，加上非常谨慎的长期规划，就能实现这一点。窍门是，找一颗直径约100千米的小行星（比导致恐龙毁灭的小行星大5倍），给它加装一个火箭发动机，调整它的轨道，使其以恰好合适的轨道与地球擦身而过。让这块太空岩石沿着很长的椭圆形轨道运行，越过木星和土星，并且每6000左右从地球附近飞过一次，每次飞过，它都会给地球一点推力，使其轨道向外移几千米。而在其轨道的另一端，这颗小行星将从木星或土星获得能量，维持自己的轨道，并使木星或土星的轨道略有缩小。这么做的净效应，是地球从外行星获得能量，并不断悄悄地远离太阳。原则上，这有可能使我们这个星球维持在较为舒适的状态，直到太阳变成红巨星。

当然这么做并非毫无危险 —— 比如，那颗太空中的岩石会定期在距离地球15 000千米的地方飞过，任何一个小错误都可能导致灾难性的撞击。但是，当我们考虑一下，到2007年，距离人类发射第一颗人造地球卫星才只有50周年，我们就已经有了这样的技术，那么，如果我们能熬过下个世纪，或许我们的后代会实施一些更复杂的行星工程。

不过，在更漫长的时期内，太阳本身会死亡，最终冷却成为白矮星。起始质量比太阳更大的恒星最终可能成为更加致密的中子星。在这种星上，比太阳质量还大的物质会压缩在像地球上的一座大山一样的空间内，甚至会成为黑洞。一切都会死亡。我们对于宇宙的最终命运比起对于它的开端知道得要少得多，但话说回来，即使对于宇宙的开端，我们可能也只是"以为"我们知道。对于如果宇宙永远扩张下去，物质最终会怎样，这里有一些有趣的猜测（虽然是猜测，但仍然是基于真正的科学所做出的）。不可避免的是，这些恐怕是本书中最靠不住的内容，但这些内容比起几十年前人们对宇宙起源的认识来说，倒还算不上那么不靠谱。

当我们谈论起物质的命运，真正能讨论的是重子的命运，因为我们还不知道该宇宙中其余的物质是什么。如果宇宙的膨胀持续足够长的时间，随着所有的造星材料都用尽，最终恒星的形成过程将结束。这里所涉及的时间无比的漫长，因此几乎不值得为其生发杞人之忧。这一过程应该在距今几万亿（10^{12}）年之后结束 —— 也就是说，当宇宙比现在的年龄大100倍之时。随着所有的恒星都变成白矮星（冷却黑暗）、中子星或黑洞，星系将消失。星系本身也将缩小，部分原因是它们会通过引力辐射失去能量，另一部分原因是在与其他恒星遭遇时，会出现能源交换（就像利用弹射轨道时的能量交换一样），这样一颗恒星获得能量，进入穿越星系的轨道，另一颗则失去能量，并进入离星系中心更近的轨道。大多数星系的中心已经存在黑洞，而上述过程将导致黑洞数量进一步增加，吞噬更多的物质。

即使是逃脱了这一命运的重子也不会持续太久。正如我们前面所讨论的，使重子在宇宙大爆炸中形成的同样的进程限定了重子在极其漫长的时期内，是不稳定的。最终的重子粒子将是质子和电子（甚至连中子都在几分钟的时间里衰变成质子、电子和中微子），质子必然（根据我们目前对粒子世界的了解）也会衰变，在 10^{32} 年或更长的时间尺度上变成正电子和高能辐射。由于宇宙中所有的正电荷和所有的负电荷之间应该处于平衡，当这个过程完成后，也许在从现在开始 10^{34} 年内，宇宙中所有的重子将已经转变成中微子、能量，以及同等数量的电子和正电子。电子和正电子将不可避免地碰面，湮没并释放出伽马射线。在超大质量的黑洞周围仍将有本初的重子构成的"物质"，但即使是黑洞也不会永远存在。一个大型黑洞的能量通过称为"霍金辐射"的一种过程，会非常缓慢地转化为辐射能，外加等量的粒子和反粒子，[1] 它们会彼此相遇并彻底湮灭。在大约 10^{120} 年后，如果宇宙能存在那么久的话，所有的一切都将通过霍金辐射过程蒸发掉。

但是宇宙能够长期以目前的形式存在吗？现今的聪明人都认为它不会，但是没有任何人有本事判断出在这三种选项中，到底哪个更有可能发生。

根据"旧"的宇宙学——这里的"旧"意思是指大约在公元 2000 年前——宇宙可能会不断扩张下去，但是速度会逐渐减慢，所有这些衰变和湮灭都会发生。但是，由于存在暗能量或宇宙常数，这一切都发生了改变。"旧"的宇宙学的另外一个特点是，任何存在的智能物种都将有充分的机会观察命运的宇宙。我们可以看到的宇宙，

---

1. 对较小的黑洞来说，这种情况发生得更迅速，因此远未到质子衰变时，小型黑洞早已消失了。

实际上是以光速在膨胀。我们可以看到的宇宙的大小，就是从大爆炸以来，光所能穿越的距离，而这个空间也以光速在增大。超过了这个限制，宇宙中可能会有某些区域相对于我们退缩的速度比光速还快（这是因为空间本身就在不断扩大，而不是因为它们真的能以超过光速的速度在空间移动），对那些区域我们也将一无所知。宇宙的扩张速度不断变慢，但"光泡"向外总是以光速向外移动，虽然星系团最终可能彼此相距遥远，但是旧的宇宙学认为，我们仍有可能想象用超灵敏的探测器观测这些遥远的星系，直到它们衰老消失。但是，这种认识已经站不住脚了。

我们知道（或者至少，我们认为自己知道），宇宙扩张之所以正在加速是因为存在暗能量。对这一证据最简单的解释是，这与真正恒常的宇宙常数有关——即每一块空间都有一个内在的、固定量的暗能量。对扩张加速度的这种解释受到了对遥远的超新星最新观测结果的支持（在撰写本书时是如此），这些结果是一个称为超新星遗产调查的项目的结果。2005年12月该项目的第一批成果，完全符合加速膨胀的宇宙的驱动力的确是宇宙常数这一设想。如果是这样的话，衰退和湮灭过程仍将以大致相同的方式进行，但是高智能生物恐怕不会有太大的机会去观察研究这些事了。由于宇宙膨胀正在不断加速，它不仅使遥远的星系团穿过了光泡的表面——有时也被称为宇宙视界——速度也超过了光泡本身扩张的速度，而且随着时间的推移，扩张速度会越来越快。我们很容易就能计算出来，如果宇宙继续以我们现在所观测到的同样的速度加速，那么在我们这个银河系所在的本星系群（the Local Group）以外的所有星系，将在几千亿年的时间内（是目前的宇宙年龄的10倍多一点），就会彻底脱离我们的视线范围。

我们的星系所剩的物质周围仍然会有一个可视的空间范围，但宇宙的地平线将以光的速度在消退，而且在"看得见"的宇宙之中，将变得一无所有。

　　但是如果宇宙常数并不是真正恒常不变的呢？如果与某一特定量的空间相联系的暗能量会随着时间的推移而变化（可能变大，也可能变小），又会怎样？我们在前面所介绍的对超新星的研究，以及对宇宙微波背景辐射的研究，揭示出遥远的星系正在远离我们以及其消退的方式。这就严格限定了这些参数能够以多快的速度改变，但即使是这些限制，也留有一定的余地，允许我们做一些有趣的猜测。第一个可能性是，暗能量的实力会随着时间的推移越来越强。这一猜测比较有市场，因为它可以解释为什么如今的宇宙常数如此之小 —— 如果它开始为零，并慢慢变大，那么它就必然要经过这样一个微小的阶段。但事情并不止于此。这个想法对未来提出了一种戏剧性的展望，这是我们迄今所描述的所有情况的一种最极端的表现。这种最极端的理论说，我们不是处于宇宙中生命的早期阶段，而是可能已经度过了从大爆炸到宇宙结束的将近一半的时间。但是具有高度智能的观察者将有充分的机会目睹这一切如何结束。这一景象也有一个戏剧性的名称，叫作"大撕裂"（Big Rip），而且这一理论的支持者还喜欢继续添油加醋，提及宇宙中额外的暗能量使宇宙的扩张呈指数级加速，就像是"幻影能量"；其实这和我们已经讨论过的是同一种暗能量，只不过更多一点。[1]

1.幻影能量在另外一种情况下，也可以是有益的。比如在《星际之门》（Stargate）等科幻小说中提到的可以穿越时空的"虫洞"，在真实的宇宙中不可能真的存在，因为引力会将它们关闭。但是，如果存在幻影能量，就可能用它来支撑虫洞打开，抵抗引力的作用。

　　在此设想中，宇宙的膨胀通过自身获取能量，其增长触发暗能量的增加，而暗能量的增加又会使膨胀加速。在传统的宇宙图像中，宇宙常数保持在很小的值，因此在太阳系、其他恒星星系以及银河系中，由于它们被引力结合在一起，不会存在膨胀 —— 在这样的系统中引力超过了暗能量。但是，根据大撕裂理论，最终宇宙的膨胀将主宰一切，首先超越引力，然后超越其他的自然力，甚至在最小的尺度上。根据观测限制所得出的这一设想的最极端的版本表明，从现在开始可能在大约210亿年后，宇宙的末日就会到来。但是由于膨胀呈指数级扩大，除了宇宙中的生命存在的最后10亿年之外，这一段中的大部分时间里，不会发生任何戏剧性的事件。

　　由于宇宙膨胀的加速会"加速"，因此本星系群的所有星系摆脱各自的引力束缚的时间提前到了距今约20亿年，这只相当于按照目前的速率恒定不变所需时间的1/10。这样的话，到那时，我们的银河系可能仍然存在，成为宇宙空间的一个可辨认出的孤岛。不过它很可能已经大大扩大了，并且因为与邻近的仙女座星系（也称为M31）合并而变得面目全非。到那时，太阳系肯定已经消失很久了。但我们有理由相信，在彼时彼处的年迈的超级星系中，可能存在类似太阳系的星系，那里的与地球类似的行星上，生活着高智能生物。随着暗能量超越了恒星之间的引力，它们的星系开始分崩离析之时，那时它们距离大末日只有6000万年，这大致相当于恐龙灭亡到现在的时间。但是到那时，距离宇宙地平线仍会有约7000万秒差距（大约2.3亿光年），因此在本星系分裂后，来自附近星系的光有时间到达（本星系群的残余），观测者也有时间研究自己的星系是如何分崩离析的。

在距离终结3个月的时候，那一未来"太阳系"的行星将脱离恒星，那场灾难的任何幸存者都会发现，他们自己的星球在末日到来之前的30分钟时，会爆炸变成原子碎片。在最后的 10^{-19} 秒中，原子会被撕碎，剩下的是一片继续扩大的，扁平的，毫无特色的虚空。也许这是一切的终结——是时间的终结。也许这些条件恰恰会引发一轮新的膨胀。有可能，这一对宇宙遥远未来的设想，也是我们所知道的宇宙的开始。这些都是完完全全的臆测。但是有趣的是，宇宙的第二种命运似乎告诉我们，时间的开始和结束之间存在更紧密的联系。它们由所谓的"大收缩"联系在一起，而且源于这样一种可能性：随着时间的推移，暗能量可能会变弱，而不是变强。

这一思路的第一种变化，看上去非常像不断膨胀的宇宙在20世纪时古老的图景。在那一图景中，星系逐渐消逝，物质也会衰变湮灭。如果宇宙常数逐渐变小，直至为零，我们最终的结局，恐怕就好像一开始宇宙常数就是零一样。但是这种衰退为何会到零为止？至少从宇宙方程上推理，如果暗能量的强度可以从一个正值降低到零，那么它也完全可以继续降低，变成负值。暗能量的值为正，它可以抵抗引力，使宇宙加速膨胀；暗能量的值为负，就会增加引力的能量，首先使宇宙的膨胀减缓，然后使宇宙加速收缩。如果情况果真如此，那么根据目前的观测结果所能允许的最极端的下降率，到现在为止，我们几乎已经走完了宇宙生命的一半。我们距离宇宙最终崩溃坍缩回一个奇点还剩下120亿到140亿年的光景（不过，同样道理，宇宙末日可能会推迟到距今400亿年）。

当宇宙停止膨胀并开始坍缩时，我们的星系周围不会有任何值得观赏的情景，但是在宇宙中任何地方都会在同一瞬间出现这一转变。不过，由于光速存在极限，在转变发生后不久，观测者会看到附近的星系出现蓝移，而遥远的星系仍显示为红移。此后，"蓝移视界"将以光速传遍宇宙。现在还不可能准确说出何时会出现转变，因为我们还没有关于暗能量变化方式的足够的信息（假如它真的在变的话），而且在任何情况下，只有宇宙接近大收缩那一刻，情况才开始出现变化，引起我们的注意。所以，我们可以拿距离末日的时间，来记录这期间的重大进展。这种时间可以用宇宙的规模大小来体现。不过，在这种情况下，那些拥有高级智能的观测者将无法亲眼看到发生在最后几分钟的有趣的事情。

当然，我们自己也无法看到或测量整个宇宙——它很可能是无限的。但是，由于宇宙中的一切都同时发生转变，那么空间中任何区域的尺寸的相对变化都是相同的。我们从现在可见的宇宙的规模出发，考虑这一空间会如何收缩，以及当收缩发生时，它里面会发生什么事情。在很长一段时间里，观测者将能够看到宇宙的崩溃进程，而他们自己的环境不会受到严重影响。他们将看到星系团彼此靠近，并发生合并，甚至星系之间也出现合并，但是在那时，假想中未来的地球上的生命，却不会感到不舒服。对于那样的行星上的生命来说，致命的威胁不会来自这些暴烈而壮观的相互作用，而是来自背景辐射，它的温度会发生缓慢而阴险的上升，因为随着蓝移的发生，宇宙收缩，其能量会越来越高。由于星系的恒星之间存在巨大的空间，即使是在星系合并的时候，恒星之间的碰撞也是极其罕见的。当星系开始合并时，背景辐射的温度——天空的温度——将不超过约100K。那时，宇宙的大小大约相当于现在的百分之一。

　　从那时起，宇宙的大小每隔数百万年会减半，到它缩小到现有规模的千分之一时，行星上的生命会首先感到不舒服，然后感到艰难，最后变得无法生存。天空的温度很快达到300 K，超过了冰的熔点，行星上所有的冰盖或冰川都将融化。随着普遍辐射的温度（此时再将其称作"背景辐射"似乎不大妥当了）继续上升，整个天空将开始发光，首先是暗红色，然后变成橙色，温度也随之上升到几千K，温度和太阳表面差不多了。那时海洋早已煮沸蒸发干净，大气则完全紊乱，原子被分解成离子和电子（原子分解decombination）。当宇宙缩小到其目前的规模的千分之一时，我们所知的生命形态将不可能在这样的星球上存在。原子分解发生时，宇宙的大小与宇宙膨胀过程中原子发生重组时宇宙的大小是相同的，这并非巧合。发生这种情况意味着宇宙大爆炸发生了逆转。

　　我们越是接近大收缩，宇宙的崩溃和升温就会更快，大爆炸出现的火球阶段会倒着出现。当宇宙的大小相当于现有规模的百万分之一的时候，会变得无比炽热，温度达到数百万度，相对于现在恒星内部的温度。当其规模缩小到现今的十亿分之一大小时，温度达到10亿度，在恒星的内部经过数十亿年的时间才好不容易炼成的复杂的原子核，如氧和铁的原子核，会炸得粉碎，分解为质子和中子。当宇宙变成现在的万亿分之一大小时，质子和中子也会解体，宇宙的温度约为1万亿（10^{12}）度，整个宇宙变成一锅由夸克组成的汤。到那时，宇宙距离最终瓦解——或者说，距离我们所知的物理定律失去效力，发生某种奇异的事情——就只剩下几秒钟了。但是，没有人会在场目睹这一切。

因此，那到底将是大收缩，还是大撕裂？在21世纪第二个10年内，人们有可能弄清楚到底哪一种极端会发生，或者至少给出可能发生哪一种情况的更严格的限制。一个称为"大口径综合巡天望远镜"（Large Synoptic Survey Telescope，LSST）的新型观测仪器可能（乐观地估计）在2012年开始运作。设计它的初衷，是准确、详细地测量星系团聚集在一起的方式，提供足够的统计信息，以严格限定暗能量的大小，而且也许能够弄清楚随着宇宙年龄的增长，暗能量如何变化。另外一个更乐观的估计，是名为"超新星加速探测器"（Supernova Acceleration Probe，SNAP）的卫星预计会在2015年之前发射升空。它将为我们提供遥远的星系中数以千计的超新星的信息，这样就能比现在更为精确地测量出宇宙加速的方式。

而此刻，我们只能依靠自己的想象力来指导我们。好在物理学家从不缺乏想象力。我一直还保留着目前物理学界对于宇宙末日的各种猜测中我最喜欢的一种。这是前面提到的宇宙"火劫理论"模型的完整版（第3章）。它自然地引入了暗能量，包括了大撕裂和大收缩两者所需的元素，将它们置于永恒的生死轮回，而且它还基于最新的M理论以及膜理论。不过这并不一定意味着它是正确的。但它的确是一个打包得很好的一套理论，而且它比任何其他的例子都能更明确地表明，物理学在新的千年第一个10年中，会走向何方。

该模型唯一丑陋的是它的名称。它来自希腊语的"战火"（ekpyrosis）一词。从某些方面讲，这倒也合适，我们很快将会看到原因；但是不像"大爆炸"和所有其他的"大××"那么容易上口。所以对该模型持批评意见的一些人，提出了"大碰撞"（Big Splat）这个名字，这让支持该模型的人稍微有些恼火。大家都记得，"大爆炸"这个词就是当年对该模型持批评意见的人（弗雷德·霍伊尔）造出来挪揄它的，而且竟然深入人心，摆脱不掉了。不过，至少"大碰撞"这个名字让人能够联想到所发生的情景——按照 M 理论的方程的描述，两个膜会发生碰撞。严格说来，宇宙火劫理论是用来描述膜之间的单一一次碰撞的，这种碰撞产生了大爆炸；但是现在，它持续扩展，涵盖了那些在无休止的生死循环中反复发生碰撞的模型。因此，或许"凤凰宇宙"（或"涅槃宇宙"）会是一个更好的名字。

每个参与这种循环的膜，若以空间的角度看，都可看作一个完整的无限三维宇宙，就像我们自己所处的宇宙一样，其中时间是第四个维度。这些宇宙由第四维空间分开彼此（总起来算就是第五维度）。一般情况下，我们可以将膜想象为二维，它们各自由第三维空间隔开，就像一本书中两个相邻的页。正如我们前面解释过的那样，除了引力之外，所有我们熟悉的粒子和力，都只能在一个单一的"膜世界"（如我们的宇宙）中运动，但是引力可以发生通过第五维的泄漏，进而影响到"隔壁"的宇宙。由于该过程是循环的（也可能无休止的），我们可以从周期的任何一点开始描述。而合乎逻辑的起点，似乎是周期中相当于我们通常认作是宇宙大爆炸的那一点——因为，我们将看到，这一点也对应到我们所知的宇宙的末日。

试着想象 2 个膜沿第五维接近对方，就像两张纸面对面放置一样。从我们的膜的角度看，如果那时有高智能生物在场，且具有仪器能够"看"到第五维，他们就会看到另外一个膜在接近他们，似乎他们自己的膜（我们的膜）静止不动。所有的膜都由于在第五维起作用的力沿着第五维相互吸引 —— 从根本上说，这是真正的引力作用。在周期的这个阶段，所有的膜基本上都是空的，而且从时空曲率的角度看极为平坦。其中的原因我们很快就会说明。但是由于量子效应，没有任何时空可以是**彻底**扁平的。因此每个膜中会有例外情况，这相当在二维平面上出现了丘陵和山谷。尽管2个膜像平行的纸张一样相互靠近产生接触，它们各自有凸起的地方会首先接触对方。大家可能会认为，这些例外行为会非常微小，的确，一开始是这样。但根据M理论的方程，随着这两个膜变得非常紧密，各种强大的力会起作用，一方面将它们拉到一起产生接触，另一方面会扩大量子涟漪。

这会产生各种规模的不规则现象，研究者称这种不规则现象具有"尺度不变性"。有些现象仍然在亚原子规模上，其他的可能和现在可见的宇宙一样大，此外这两个极端之间的各种中间状态也可能产生。但是，我们感兴趣的是那些在两个膜接触时直径约1米的不规则现象，因为计算表明，这样大小的不规则恰好可以产生我们所看到的宇宙。

由于膜在空间上是三维的，想象这种事件的最好的办法是想象1个球形的空间，直径1米左右，里面的空间的每一个点在瞬间都会接触到的另外1个膜的三维空间的每一个点。其结果是一团能量的火球，在"我们的"膜中的三维空间中急剧扩大，呈指数增长，但速度会随着时间的推移减缓。最重要的是，这并不涉及暴涨阶段，虽然最初的扩张以现在的标准看也足够剧烈。起初，宇宙每10^{-20}秒增大1倍，但这一扩张速度不断减缓，到如今，倍增时间约为10^{10}年；以后，随着暗能量使宇宙膨胀加速，倍增的时间将再次缩短。总之，宇宙增长的因子大于10^{20}（1万亿亿），甚至是10^{30}，这也解释了为我们所观测到的宇宙为何极端扁平，这和暴涨理论的解释效果一样。

　　在这个理论图景中，我们的整个宇宙是从1米直径的火球扩张来的。但是碰撞本身这一过程中，另外一组量子涟漪印在了时空上，产生了宇宙微波背景辐射中的涟漪，并提供了星系团能够成长的种子，这和标准的暴涨理论图景一样。不过，这里最重要的是，这种理论中不存在时间开始的奇点，"我们的"宇宙也从来没有小于1米的跨度，也从未经历过无限高的密度；它的确是从10^{24}这样的高温"开始"的，可这一数值不管有多大，仍然是有限的。许多科学家认为该模型具有吸引力，这是其中一个主要的原因。这也意味着，"我们的宇宙"并不是唯一的，即使我们仅仅把它看作我们的"膜"。这个膜必然会有许多其他的区域（如果膜是无限的，这种其他的区域就会无限多），这些区域发生接触，并产生了以这种方式不断扩张的宇宙。但是，那些宇宙将永远超出我们的空间视野范围，因为宇宙之间的膜的结构也随着时间的推移而扩大。之所以会这样，是因为这两个膜在相互碰撞后会发生卷曲。

　　当2个膜彼此反弹开并沿着第五维度反向运动时，另外一个膜就会遭遇一种略微不同的命运。根据这一模型，额外的维度会发生扭曲，就好像当你沿额外的维度朝某一方向运动的时候，你所熟悉的三维空间的尺寸会增加，而如果你朝另一个方向运动，熟悉的三维空间的尺寸会减小。当膜碰撞后发生反弹，"我们的"宇宙恰好是沿着三维空间扩大的方向运动。起初，隔壁的宇宙是朝另一个方向沿着第五维运动，并发生收缩。但是，两个膜之间的吸引力（真正的引力）非常强大，以致第二个膜的运动被扭转，被拽动并拖在我们的膜的后面，因此它也很快开始扩张。这两个膜各自都经历了我们所描述的永远膨胀的宇宙会经历的扩张、稀释和物质衰变阶段，但是在所有这些漫长的时间内彼此没有发生接触 —— 这段时间长达数万亿（许多个10^{12}）年。以人们熟悉的尺度来说，它们之间的间隔非常之微小 —— 也许只是几千个普朗克长度，或说是10^{-30}厘米（远小于质子的直径）；但是正所谓，差之毫厘，谬以千里。然而，由于膜间力的作用，2个膜变得空而且平坦，并一直与对方保持平行。

在大多数的时间里，这两个膜都以相同的距离分隔开，"悬"在那里。然而，渐渐地，膜间的吸引力超过了反弹的动能，将2个膜拉到一起。这一进程刚开始非常之缓慢，但随着2个膜越来越近，速度明显加快。膜间的吸引力和皮筋回弹时不同，随着2个膜之间的距离缩小，不再是相隔几千个普朗克长度之后，这种力会变得更强。2个膜自身（现在基本上是空的扁平的时空）在循环的这一阶段会稍微收缩一些，但因子只是10左右（相比之下，在扩张阶段其因子是10^{30}），它们在时空中的量子涟漪会扩大到各种尺度，包括1米左右的肿块。

大爆炸的能量直接来自运动中的2个膜碰撞时的动能，[1] 就像2个钹碰到一起一样。而且，由于引力传播到第五维的方式，随着2个膜之间的空间沿着那一方向收缩，在每个膜中，引力的效力会增加 —— 这意味着，在我们的宇宙发生"大爆炸"的时刻，当它是1米直径大小的时候，牛顿的万有引力常数大于现在的值。但在几分之一秒的时间里，它就已经下降到了目前的值。

---

1. 由于在该过程中没有能量会损失（它根本没有地方去！），反弹的能量和碰撞的能量一样，因此这种循环可以永远进行下去。在某种意义上说，碰撞中没有任何摩擦会将能量消散。

　　我们已经描述完了这个周期，而且本书也就是从这里开始的。这一模型和标准的包括暴涨的"拉姆达CDM"模型，推导出了一幅完全相同的人类生存的宇宙图景，也包括了背景辐射的性质，但却没有CDM模型所需要的令人不安的无限值。为了解释我们的宇宙中可见物质的行为，我们需要暗物质，它们可以是我们的宇宙中的弱相互作用粒子，或是其他的膜泄漏到我们的宇宙中的粒子产生的效用；该模型并没有区分这两种可能性。但是，使目前的宇宙膨胀加速的暗能量，是该模型的一个重要特征。每个周期对应的点上，每次爆炸（每个1米直径的火球）的平均物质密度、温度和所有其他物理属性，都是相同的。宇宙只是一次次地重新填满自己，虽然每个周期中，量子涨落本身从统计学上讲是不同的，因为每次爆炸都对应1个单一的量子涨落。但是，宇宙现状的条件，是上一个周期的崩溃阶段的最后一刻决定的，而不是在此次扩张阶段开始时。

　　在凤凰模型和暴涨模型之间，有一个微妙但重要的区别。暴涨的标准模型预测宇宙应该是充满了引力辐射，在宇宙的微波背景上留下了印记。凤凰模型则预言在能够观察到的宇宙微波背景辐射上，不会有这种引力波的影响。虽然在2020年之前，能够按照所要求的精度测量背景辐射的空间探测器不可能发射升空，但这意味着，这一理论像所有好的科学思想一样能够通过实验测试。

　　目前，你到底喜欢哪种理论，完全是一个选择的问题。截至2005年，我们还没有任何实验或观测证据来区分两者熟优熟劣。但这种情况在不太遥远的将来必将改变；这里需要说明，我本人最喜欢的是永恒循环的凤凰模型，宇宙死亡之后总能获得重生。巧的是，凤凰模型描述的情景与200年前某个人的想法不谋而合。那是由伊拉斯谟·达尔文（Erasmus Darwin），即查尔斯·达尔文的祖父用文字描述的图景。在"植物园"（*The Botanic Garden*，第一次出版于1791年）一诗中，他描述了自己的科学想法：

> 轮回啊，星辰！正是意气风发之时，
>
> 用明亮的曲线，在夜空留下时间无痕的足迹；
>
> 那光线的马车，越来越近，
>
> 星辰随之消隐；
>
> 布满鲜花的天空！你们也会年迈，
>
> 像田野里的姐妹一样衰落凋零！
>
> 苍穹中，星辰之后还有星辰，一代代登场，
>
> 太阳落下还有太阳，星系死亡后还有星系，
>
> 莽撞地跌入黑暗的中心，消失无踪，
>
> 死亡、黑夜、混沌交织在一起！
>
> 直到在残骸之上，从风暴之中，
>
> 再生出不朽的自然，以她变幻无穷的姿态，
>
> 从她的尸骨上，振翅飞腾，
>
> 光焰四射，鲜明如初。

可以肯定的是，这一描述更像是传统的大收缩理论，而不是现代的循环宇宙观。但是在18世纪时就能做出如此的猜测，已经很不简单了。至少，用这段诗来结束我的这本书——恰恰又回到了故事的开头——还是比较得体的。

术语表

A

[Antimatter] 反物质：
镜像的物质，其属性（比如电荷）与普通的粒子相反。举例来说，电子的对应的反物质具有正电荷，而不是负电荷。

Astronomical unit] 天文单位：
天文学家所使用的距离单位，相当于地球到太阳的平均距离。
-

Axion] 轴子：
一种假想中的亚原子粒子，它可能占了宇宙整体质量的很大一部分。

B

[Baryon] 重子：
我们用来描述思考所谓的"粒子"时的一种实体，它包括像质子和中子等粒子，但不包括电子。
-

[Beta decay] β 衰变：
中子释放出一个电子，并转化为质子的过程。

[Black hole] 黑洞：
极大质量的物质集中在一起，使其引力场强大到足以弯曲时空，导致任何物质，包括光，都无法逃逸出去，就形成了黑洞。

[Blueshift] 蓝移：
当被观测的对象向观测者移动，导致光的波长受到挤压而产生的光谱现象。

[Bosons] 玻色子：
我们通常认为与力（如电磁力）有关的粒子家族中的一员。得名于印度物理学家玻色。玻色子是指自旋为整数的粒子。W+、W- 和 Z 玻色

子是与弱核力有关的粒子。
-

[Bottom quark] 底夸克：
夸克的一种属性。与其相反的是顶夸克（Top quark）。

C

[Charm quark 魅夸克] 粲夸克：
夸克的一种属性。与其相反的是奇夸克（Strange quark）。

[Classical physics] 经典物理学：
适用于大尺度的物理学，即尺度或多或少大于原子。

[Cold Dark Matter，缩写为 CDM] 冷暗物质：
已知占宇宙质量的一大部分的物质，但它不是以重子和轻子的形式存在。还没有人确切地知道冷暗物质到底是什么。

[Critical density] 临界密度：
使宇宙的时空是平坦的密度。

D

[Dark energy] 暗能量：
一种充满宇宙的能量，使时空是平坦的主要是暗能量的作用。还没有人确切地知道暗能量是什么；它可能对宇宙膨胀的加速起了作用。

[Doppler effect] 多普勒效应：
蓝移和红移的总称。
-

[Down] 下：
夸克的一种属性。与其相反的是上夸克（Up quark）。

E

[Electron] 电子：
较轻且带负电荷的粒子。地球上大多数的电子都与质子和中子一起被约束在原子

[Electron volt] 电子伏特：
粒子物理学家用来测量质量和能量的单位。质子的质量大约是 1 千兆电子伏，或者说 1 GeV。
-

电子伏：
eV。

F

[Fermion] 费米子：
构成普通物质的粒子。重子和轻子都是费米子。
-

[Field] 场：
某种力（如重力或电磁力）所影响的区域。

G

[Galaxy] 星系：
英文中，小写首字母的星系一词（galaxy）指的是任何一个包含数千亿颗恒星的宇宙岛。如果首字母大写（Galaxy），一般是指我们所在的银河系，其中包含有几千亿颗恒星。
-

GeV：
10 亿电子伏特（Gigavolt）。10 亿电子伏特大约是 1 个质子或氢原子的质量。
-

[Grand Unified Theory，缩写为 GUT] 大统一理论：
任何试图将除了引力之外的所有的自然力统一起来，用一套数学公式进行描述的理论（我倾向于使用"模型"这个词）。
-

[gravitino] 重力微子：
引力子所对应的超对称粒子。
-

[Graviton] 引力子：
与引力有关的粒子。引力子属于玻色子家庭的成员。

H

[Higgs field] 希格斯场：
一种假想的场，人们认为这种场遍布整个宇宙，使粒子具有质量。

I

[Inflation] 暴涨：
一种关于非常早期宇宙的模型，它将许多观测到的特征解释为宇宙诞生后第一个几分之一秒的时间内发生了极其迅速的（指数级的）膨胀。
-

相互作用：
物理学家用以指自然力的术语。

K

[Kaons 或 K-particles]K 介子：
由三种玻色子构成的一族粒子，其特性表明在物理定律中存在微小的对称性破缺。这些对称性破缺使物质能够存在。

千电子伏：
1000 电子伏特。
-

[K meson]K 介子：
即 Kaon。

L

[Lepton] 轻子：
包括电子和中微子的一族粒子。
-

[Light year] 光年：
光在1年中所穿越的距离。注意光年是距离单位，不是时间单位。
-

[Look-back time] 回溯时间：
光从一个遥远的目标到达我们所需要的时间。如果一个星系距离我们有1000万光年远，我们所看到的它的光早在1000万年前就发出了。我们向宇宙深处看得越远，看到的事物就越久远。
-

介子：
玻色子的一个亚群。

M

MeV：
100万电子伏特。
-

μ 子：
电子的较重的对应物。
-

μ 子中微子：
中微子较重的（但仍然非常轻）对应物。
-

中性伴随子：
微小的中性 SUSY 粒子。这是一个通用名称，而非指某种具体的粒子。
-

中微子：
非常轻且不带电荷的轻子。
-

中子：
相对较大的中性粒子；在地球上，绝大多数的中子都与质子和电子一起约束在原子中。
-

中子星：
恒星的残余星体，在那里和太阳差不多的物质会被压缩成一个像珠穆朗玛峰般大小的球体中。
-

核子：
质子和中子的通称，它们是构成原子核的粒子。
-

原子核：
原子的内核，由质子和中子（通称为核子）组成。
-

振动：
一些粒子家族的成员（例如中微子）从一种形式变化为另一种形式的方法。
-

秒差距：
相当于3.26光年。
-

光微子：
光子的 SUSY 对应物。
-

光子：
与电磁有关的粒子（玻色子）。
-

介子：
三种与质子和中子发生相互作用的玻色子。
-

正电子：
电子的反物质对应物。
-

质子：
相对较大带正电荷的粒子。地球上绝大多数的质子都与电子和中子一起约束在原子中。
-

量子［形容词］：
指非常小的世界，那里适用的是量子物理学的定律。
-

量子［名词］：
物质能够存在的最小的量。例如，电磁场的量子就是光子。
-

量子场论［= 量子力学］：
任何以量子场（玻色子）的交换来描述物质粒子（费米子）的相互作用的理论。在一些量子场例子（特别是重力——但并非所有的量子场例子）中，场量子之间也会有互动。
-

量子物理学：
小尺度的物理学，基本上是在原子及更小的尺度上。
-

夸克：
各种基本粒子，它们构成了所有的重子。
-

类星体：
星系的活跃的核心，其能量很可能来自具有数百万个太阳质量的黑洞吞噬外围物质的过程。
大多数类星体的亮度超过了围绕它们的整个星

系，实际上比 1 亿颗太阳更亮。这使它们在宇宙的很远的地方就能被看见。英文中的类星体一词 quasar 是 quasistellar 的缩写，后者的意思是"准恒星"，因为在宇宙深空的照片上，它们看起来像是恒星。

-

红移：

从观测者移动远离的对象的光谱所呈现的波长拉伸的现象。

-

[Selectron] 标量电子：

电子的 SUSY 对应物。

太阳系：

太阳及其家族中的行星、彗星和其他宇宙碎片。

奇 [夸克]：

用来描述夸克属性的修饰词。与"奇"相对应的是"粲"（Charm）。

S

超对称伙伴：

超对称理论（SUSY）所预言的普通玻色子和费米子的相反对应物。

[SUSY] 超对称：

认为每个不同的费米子都具有玻色子对应物，每个不同的玻色子都有 1 个费米子对应物的模型。这是试图寻找万物至理（Theory of Everything，缩写 TOE）的一种尝试。

-

SUSY：

超对称性（Supersymmetry）的缩写。

T

T 介子：

电子的较重的对应物。

T 中微子：

中微子的较重的（但仍然非常轻）的对应物。

-

TeV：

1 万亿电子伏特。

-

[TOE] 万物至理：

任何试图将引力和所有其他的自然力统一在一个数学框架中的理论（我喜欢使用"模型"这个词来代替"理论"）。

-

顶 [夸克]：

用来描述夸克属性的修饰词。与其相反的是"底"（夸克）。

-

上 [夸克]：

用来描述夸克属性的修饰词。与其相反的是"下"（夸克）。

-

白矮星：

恒星寿命的终点，像太阳那么多的物质会紧缩到像地球一般大小的体积中。

W

WIMP：

弱相互作用有质量粒子（Weakly Interacting Massive Particle）的缩写，亦即"冷暗物质"（Cold Dark Matter）。

图书在版编目（CIP）数据

宇宙传记 /（英）约翰·格里宾著；徐彬，吴林译 . — 长沙：湖南科学技术出版社，2018.1
（2023.10 重印）
（第一推动丛书 . 宇宙系列）
ISBN 978-7-5357-9449-9

Ⅰ . ①宇… Ⅱ . ①约… ②徐… ③吴… Ⅲ . ①宇宙—普及读物 Ⅳ . ① P159-49

中国版本图书馆 CIP 数据核字（2017）第 212890 号

The Universe: A Biography
Copyright © John and Mary Gribbin, 2006
All Rights Reserved

湖南科学技术出版社通过中国台湾博达著作权代理有限公司获得本书中文简体版中国大陆独家出版
发行权
著作权合同登记号　18-2007-226

YUZHOU ZHUANJI
宇宙传记

著者
[英] 约翰·格里宾

译者
徐彬　吴林

责任编辑
吴炜　孙桂均　杨波

装帧设计
邵年　李叶　李星霖　赵宛青

出版发行
湖南科学技术出版社

社址
长沙市芙蓉中路二段416号
泊富国际金融中心
http://www.hnstp.com

湖南科学技术出版社
天猫旗舰店网址
http://hnkjcbs.tmall.com

邮购联系
本社直销科 0731-84375808

印刷
长沙市宏发印刷有限公司

厂址
长沙市开福区捞刀河大星村343号

邮编
410153

版次
2018 年 1 月第 1 版

印次
2023 年 10 月第 8 次印刷

开本
880mm×1230mm　1/32

印张
8.5

字数
174000

书号
ISBN 978-7-5357-9449-9

定价
39.00 元